Fertigung und Betrieb
Fachbücher für Praxis und Studium
Herausgeber: H. Determann und W. Malmberg
Band 8

H. Mauri · A. Jung · G. Schimitzek

Vorrichtungen I

Einteilung, Funktionen und Elemente
der Vorrichtungen

Elfte, völlig neubearbeitete
und erweiterte Auflage

Mit 445 Bildern

Springer-Verlag Berlin Heidelberg New York
London Paris Tokyo 1986

Herausgeber der Reihe:
Dr.-Ing. Hermann Determann, Hamburg
Dipl.-Ing. Werner Malmberg, Hamburg

Autoren dieses Bandes:
Heinrich Mauri, Hamburg
Prof. Dipl.-Ing. Artur Jung, Königsbronn
Dipl.-Ing. Günter Schimitzek, Königsbronn

ISBN-13:978-3-540-15831-8   e-ISBN-13:978-3-642-82591-0
DOI: 10.1007/978-3-642-82591-0

CIP-Kurztitelaufnahme der Deutschen Bibliothek
Mauri, Heinrich: Vorrichtungen / H. Mauri; A. Jung; G. Schimitzek.
Berlin; Heidelberg; New York; Tokyo: Springer
Früher mit d. Erscheinungsorten Berlin, Heidelberg, New York. – Früher verf.
von Heinrich Mauri. – Frühere Aufl. u.d.T.: Mauri, Heinrich: Vorrichtungsbau
NE: Jung, Artur:; Schimitzek, Günter:
1. Einteilung, Funktionen und Elemente der Vorrichtungen. –
11., völlig neubearb. u. erw. Aufl. – 1986 (Fertigung und Betrieb; Bd. 8)
ISBN-13:978-3-540-15831-8

NE: GT

Das Werk ist urheberrechtlich geschützt. Die dadurch begründeten Rechte, insbesondere die der
Übersetzung, des Nachdruckes, der Entnahme von Abbildungen, der Funksendung, der Wiedergabe auf photomechanischem oder ähnlichem Wege und der Speicherung in Datenverarbeitungsanlagen bleiben, auch bei nur auszugsweiser Verwertung, vorbehalten. Die Vergütungsansprüche
des § 54, Abs. 2 UrhG werden durch die „Verwertungsgesellschaft Wort" München wahrgenommen.

© Springer-Verlag, Berlin/Heidelberg 1986

Die Wiedergabe von Gebrauchsnamen, Handelsnamen, Warenbezeichnungen usw. in diesem
Buche berechtigt auch ohne besondere Kennzeichnung nicht zu der Annahme, daß solche Namen
im Sinne der Warenzeichen- und Markenschutz-Gesetzgebung als frei zu betrachten wären und
daher von jedermann benutzt werden dürften.

Satz: Mit einem System der Springer Produktionsgesellschaft
Datenkonvertierung: Daten- und Lichtsatz-Service, Würzburg

2362/3020–543210

Zu diesem Band

Die Notwendigkeit, viele Teile in gleicher Ausführung austauschbar herzustellen, hat bereits früh den Weg zur Vorrichtung gewiesen. Ihre erste bekannte Anwendung erfolgte schon um das Jahr 1798, als Eli Whitney einen Auftrag der Vereinigten Staaten von Nordamerika über die Lieferung von 10 000 Gewehren erhielt und sich zu ihrer Herstellung einer Anzahl von Aufspannvorrichtungen mit Erfolg bediente.

Heutzutage ist im scharfen Wind des Wettbewerbs die Verwendung zuverlässig funktionierender Vorrichtungen für die rationelle Fertigung größerer Stückzahlen von austauschbaren Einzelteilen in der Industrie geradezu zwingend notwendig. Diese Entwicklung hat u. a. auch zu der Anwendung vielseitig verwendbarer Universalvorrichtungen sowie zur Verwendung von Vorrichtungseinzelteilen geführt, die nach dem Baukastenprinzip für den jeweiligen Zweck zusammengebaut oder umgestaltet werden können.

Der Vorrichtungsbau ist ein außerordentlich vielschichtiges und weit verzweigtes Gebiet. Seine in diesem Band angesprochenen Belange sind jedoch so eingehend und umfassend behandelt worden, daß sein Zweck erfüllt sein mag: dem Vorrichtungskonstrukteur und dem Fertigungsfachmann manche Hinweise und Anregungen zu geben und dem Studierenden für das Fachgebiet „Fertigungstechnik" ein zuverlässiger Ratgeber und Leitfaden zu sein.

Das vorliegende Buch befaßt sich grundlegend mit den Funktionen und Elementen (Organen) der Vorrichtungen anhand einer sehr großen Zahl ausgeführter und bewährter Konstruktionen. Es stützt sich dabei auf einen äußerst umfangreichen Schatz an Betriebserfahrungen aus allen Bereichen des Maschinenbaus. Einschließlich seiner vorlaufenden Form als „Werkstattbuch", Heft 33, hat es weit mehr als 80 000 Käufer gefunden und wurde in mehrere Fremdsprachen übersetzt. Für die Neubearbeitung dieser Auflage im Rahmen der Reihe „Fertigung und Betrieb" wurden zwei jüngere Autoren hinzugezogen, die neben eigenen Erfahrungen vor allem konstruktiv-theoretische Ergänzungen einbrachten.

Hamburg, Juni 1986 H. Mauri

Zur Neubearbeitung dieses Bandes

Auch im Zeitalter der numerisch gesteuerten Werkzeugmaschinen und der flexiblen Fertigungssysteme behalten Vorrichtungen in der Fertigungstechnik ihre Bedeutung. Dies ist ein Grund dafür, warum die beiden letztgenannten Autoren auf den Wunsch der Herausgeber und des Springer-Verlages nach einer Neubearbeitung des Bandes I des vierteiligen Werkes von H. Mauri über „Vorrichtungen" eingegangen sind.

Ein zweiter Grund liegt darin, daß gerade die Vorrichtungskonstruktion hervorragend geeignet ist, Studierende in das konstruktive Denken einzuführen. Wir glauben, daß hierzu die konstruktive Kernsubstanz, die von Mauri in jahrzehntelanger Arbeit zusammengetragen wurde, gut geeignet ist.

Dem Wunsch der Herausgeber, nur behutsam Änderungen vorzunehmen, wurde soweit als möglich Rechnung getragen. Es wurde versucht, die vielseitige und anregende Beispielsammlung zu erhalten und sie aus der Sicht der modernen Konstruktionslehre methodisch zu ordnen. Theoretische Betrachtungen wurden im 5. Kapitel zusammengefaßt. Zukünftigen Überarbeitungen muß es überlassen bleiben, den methodischen Aufbau des Werkes bei Wahrung der Kompaktheit und der notwendigen Aktualisierung, insbesondere in Wirtschaftlichkeitsfragen, weiterzutreiben und in ein ausgewogenes Gleichgewicht zu bringen.

Königsbronn/Brenz, Juni 1986 A. Jung G. Schimitzek

Inhaltsverzeichnis

1 Begriff und Zweck der Vorrichtungen

Vorrichtungen sind in Anlehnung an die VDI-Richtlinie 2027 Fertigungsmittel, die in der Regel in Verbindung mit Werkzeugmaschinen, Werkzeugen, Werkzeugspannern und Meßzeugen verwendet werden.

Sie dienen also dazu:

- Werkstücke schnell und definiert aufzunehmen (zu bestimmen!), in dieser bestimmten Lage so zu halten (festzuspannen), daß ihre Bearbeitung möglich ist und dann eine schnelle Auswechslung erfolgen kann;
- Werkstücke in der arbeitsgerechten Lage oder nach beendetem Fertigungsvorgang zu prüfen (Maße, Form, Dichtigkeit u.a.);
- Werkstücke zusammenzufügen (Montage);
- Baugruppen voneinander zu trennen (Abziehvorrichtungen)

oder mit anderen Worten:

- Arbeitsvorgänge zu erleichtern bzw. zu ermöglichen;
- Prüfvorgänge rationell durchzuführen.

Die Mehrzahl der Vorrichtungen wird zum Bestimmen und Spannen verwendet. Mit den werkstückunspezifischen Vorrichtungen werden oft geometrisch einfache Teile gespannt, während für komplizierte Teile mehr werkstückspezifische Vorrichtungen herangezogen werden müssen. Nicht in jeder Vorrichtung muß gespannt werden, mitunter muß nur das Bestimmen des Werkstücks und das Führen des Werkzeugs erfolgen.

Wenn jedoch weder eine arbeitsgerechte Lage bestimmt, noch gespannt, noch geführt werden muß, sollte man ein Betriebsmittel nicht als Vorrichtung, sondern besser als Einrichtung bezeichnen.

WERKZEUGE
DIN 8580
Werkzeuge sind Fertigungsmittel, die durch Relativbewegung gegenüber dem Werkstück unter Energieübertragung die Bildung seiner Form oder die Änderung seiner Form und Lage, bisweilen auch seiner Stoffeigenschaften bewirken.

VORRICHTUNGEN
DIN 6300
Vorrichtungen sind Fertigungsmittel, die an Werkstücke gebunden sind und unmittelbar in Beziehung zum Arbeitsvorgang stehen. Sie dienen dazu, Werkstücke zu positionieren, zu halten oder zu spannen und gegebenenfalls ein oder mehrere Werkzeuge zu führen.

MESS- UND PRÜF-MITTEL AWF
Meß- und Prüfmittel sind Betriebsmittel, die bei der Durchführung von Fertigungsaufgaben zum überwachen von Güte, Menge, Eigenschaften und Funktionen dienen.

2 Einteilung der Vorrichtungen

Man kann die Vorrichtungen nach unterschiedlichen Gesichtspunkten einteilen. Eine für die Praxis ausreichende Einteilung unterscheidet:

2.1 Spannvorrichtungen

Sie dienen zur Verbindung eines Werkstücks mit einer Werkzeugmaschine. Hier wird oft unterteilt nach dem speziellen Werkzeugmaschinentyp auf dem die Spannvorrichtung zum Einsatz gelangt und dann anstelle einer ausführlichen Beschreibung wie „Drehspannvorrichtung", „Schleifspannvorrichtung" nur die Kurzform „Drehvorrichtung", „Schleifvorrichtung"... benutzt. Auch sind Unterscheidungen wie

- Spannvorrichtungen zur Rundbearbeitung (z.B. drehen, rundfräsen, rundschleifen);
- Spannvorrichtungen zur Langbearbeitung (z.B. hobeln, räumen, planfräsen, planschleifen);
- Spannvorrichtungen für kombinierte Bearbeitung, üblich.

2.2 Bohrspannvorrichtungen

Hier hält man zur Bezeichnung der Spannvorrichtung mit der Zusatzaufgabe der zwangsläufigen Führung der Bohrwerkzeuge relativ zum Werkstück die ausführliche Beschreibung Bohrspannvorrichtung aufrecht, weil speziell beim Bohren weitere Vorrichtungsvarianten üblich sind.

Bohrschablonen. Einfachste Form einer Bohrvorrichtung, die meist ohne Spannelement ausgeführt wird. Befestigung entweder am Werkstück oder gemeinsam mit Werkstück am Maschinentisch.

Standbohrvorrichtungen. Sie werden in der Regel fest auf dem Werkzeugmaschinentisch aufgespannt und bleiben als ein Teil der Maschine während des Betriebs stehen.

Kippbohrvorrichtungen. Sie werden nicht auf der Maschine befestigt, denn sie müssen, damit man von verschiedenen Seiten bohren kann, schnell auf dem Maschinentisch gekippt werden und auch darauf gleiten können. Wegen ihrer kennzeichnenden Kastenform werden sie auch Bohrkästen genannt. Schwere Kippbohrvorrichtungen lassen sich vorteilhaft mittels Wendespanner (vgl. [6, S. 105]) auf dem Maschinentisch schwenken.

Mehrfachbohrvorrichtungen. Sie bestehen aus zwei oder mehr gleichen Vorrichtungen von der Art der Standbohrvorrichtungen, die entweder durch Schwenken um eine gemeinsame Achse oder durch geradliniges Verschieben abwechselnd beschickt und in Arbeitsstellung gebracht werden können.

Schwenkbohrvorrichtungen. Sie sind meist kastenförmig wie die Kippvorrichtungen, aber in besondere Böcke eingelagert; sie können darin in verschiedene Arbeitsstellungen geschwenkt werden. Die Richtung der Schwenkachsen kann dabei unterschiedlich sein.

Vielzweck-Bohrvorrichtungen. Sie werden auch Mehrzweck-Bohrvorrichtungen genannt und sind in der Regel als Standbohrvorrichtungen ausgebildet. Sie unterscheiden sich von den gewöhnlichen Bohrvorrichtungen dadurch, daß die eigentliche Bohrplatte und die Elemente für die Werkstückaufnahme schnell und leicht auswechselbar sind, so daß dieselbe Bohrvorrichtung mit einem Satz verschiedener Bohrplatten und Werkstückaufnahmen für eine große Anzahl verschiedener Werkstücke gebraucht werden kann. Ihre vielseitige Verwendbarkeit macht sie für Betriebe mit wechselnder Fertigung besonders geeignet.

2.3 Arbeitsvorrichtungen

Hier kann man unterscheiden zwischen Arbeitsvorrichtungen für die Bearbeitung durch Schneidwerkzeuge mit der Feinunterteilung in

- werkzeugsteuernde (z.B. Nachform- oder Lenkvorrichtungen),
- werkstücksteuernde (z.B. Nachform- oder Lenkvorrichtungen) und
- werkzeugtragende (z.B. für stehende oder umlaufende Werkzeuge).

Daneben läßt sich eine große Gruppe von Arbeitsvorrichtungen für die einfachere Handhabung der Werkstücke bilden, z.B.

- Anreißvorrichtungen,
- Montage- und Demontagevorrichtungen,
- Justiervorrichtungen,
- Fügevorrichtungen (Klebe-, Niet-, Schweiß-, Löt-V.),

4

– Werkstückgreifersysteme für programmierbare Handhabungs-
systeme usw.

2.4 Prüfvorrichtungen

Sie lassen sich in meßmitteltragende und kombinierte Vorrichtungen
einteilen und erleichtern die Prüfung der Werkstücke auf Maßhaltig-
keit bzw. Funktionen wie Führungsgenauigkeit, Dichtheit, Rauh-
tiefe usw.

2.5 Weitere Einteilungsmöglichkeiten für Vorrichtungen

Allgemein-Vorrichtungen. Sie dienen zur Aufnahme von Werkstük-
ken mit formähnlichen Spannflächen aber unterschiedlichen Abmessungen, (werkstück-unspezifische Vorrichtungen).
   Sonder-Vorrichtungen. An ein bestimmtes Werkstück gebundene
Vorrichtungen.
   Einfach-Vorrichtungen. Nur ein Werkstück wird zum Bearbeiten in
die Vorrichtungen eingelegt.
   Mehrfach-Vorrichtungen. Mehrere Werkstücke werden zur gleich-
zeitigen Bearbeitung in die Vorrichtung eingelegt.
   Wechsel-Vorrichtungen. Sie haben mindestens zwei gegeneinander
versetzte Werkstückaufnahmen, die es gestatten, das Entnehmen
und Einlegen in die Hauptzeit der Bearbeitung zu verlegen.
   Weiter:
Rundtischvorrichtungen,
   Durchlaufende Vorrichtungen (Paletten in flexiblen Fertigungs-
systemen).
   Fördervorrichtungen.
   Auch die Unterteilung nach den *Fertigungsverfahren* wird ange-
wendet:

Umformen: Biegevorrichtungen.
Trennen: Drehvorrichtungen, Bohrvorrichtungen, Fräsvor-
           richtungen, Sägevorrichtungen, Schleifvorrichtungen,
           Läppvorrichtungen, Hobelvorrichtungen, Brenn-
           schneidvorrichtungen.
Fügen: Montagevorrichtungen, Lötvorrichtungen, Klebevor-
           richtungen, Nietvorrichtungen, Schweißvorrichtungen,
           Schrumpfvorrichtungen.
Stoffeigenschaften ändern: Härtevorrichtungen, Tauchvorrichtun-
           gen, Auswuchtungsvorrichtungen.

Jede Einteilung der Vorrichtungen ist mit einer gewissen Willkür
behaftet und sollte nicht überbetont werden.

3 Die Vorrichtung aus der Sicht der Konstruktionsmethodik

In den letzten Jahrzehnten hat sich ein Wandel in der Denkweise beim Konstruieren angebahnt. Dieser Wandel ist bis heute noch nicht abgeschlossen und seine praktische Durchführung ist für viele Produktklassen noch zu leisten. Wir wollen im folgenden einige Einsichten dieser methodischen Überlegungen an der „Produktklasse" Vorrichtungen behandeln. Sie betreffen:

- Aufgabenstellung – Anforderungliste,
- die funktionale Darstellung der Aufgabe,
- die Ordnung der Erfahrungen,
- die Abstraktion der Erfahrungen,
- Konkretisierung der Abstraktionen – geometrisch-funktionales Denken –.

3.1 Aufgabenstellung, Anforderungen

Daß man vor Beginn einer konstruktiven Entwicklung eine gesicherte Aufgabenstellung haben sollte, ist nicht erst eine Erkenntnis der modernen Konstruktionslehre.
Aber die Wichtigkeit der möglichst klaren Herausstellung quantitativ präzisierter Forderungen ist eine Einsicht, die bei der Entwicklung der Methodik sehr deutlich formuliert wurde. Was dies für den Fall der Vorrichtungskonstruktion bei der Aufgabenstellung im einzelnen bedeuten kann, sei an einigen Beispielen schlaglichtartig erörtert.

Für die Formulierung einer Vorrichtungs-Entwurfsaufgabe ist die frühzeitige enge Zusammenarbeit zwischen Produktkonstruktion und Vorrichtungskonstruktion anzustreben. Damit können die im Frühstadium eines Produktentwurfs (z.B. eines Photometers) oft noch leicht durchführbaren Änderungen, die zu den einfachen und daher kostengünstigen Vorrichtungskonzeptionen führen, (z.B. Justiervorrichtungen für das Photometer!) besser realisiert werden, als wenn ein komplett fertiger Photometer-Zeichnungssatz in die Betriebsmittelkonstruktion gegeben wird und dann die Produktkonstruktion jede nachträgliche Änderung an der Gerätekonstruktion (z.B. aus Zeitgründen) ablehnt. Die damit entstehenden Vorrichtungsmehrkosten können geradezu verheerende Ausmaße annehmen.

Die frühzeitige Einbindung der Produktkonstruktion bei der Vorrichtungsentwicklung kann zu

- universelleren (weil verstellbaren!) Spannvorrichtungen für mehrere Teile ähnlich konzipierter Gestalt führen,
- die Anwendung eines Vorrichtungsbaukastens ermöglichen,
- die Zusammenfassung von verschiedenen Bearbeitungsvorgängen durch Anwendung einer Vorrichtung gestatten usw.

Ein Werkstückentwurf (z.B. Gehäuse) mit der notwendigen Bearbeitungsfolge und dem erforderlichen Werkstoff stellt den einen Teil der Anforderungsliste für den Vorrichtungsentwurf dar. Der zweite Teil der Anforderungen resultiert aus den anwendbaren Bearbeitungsmaschinen, den auftretenden Bearbeitungskräften, den zulässigen Schnittgeschwindigkeiten und Vorschüben.

Auf diesen Grundlagen lassen sich für Spannvorrichtungen z.B. folgende typische Anforderungen gewinnen:

1. Die Anordnung der günstigsten Bestimmpunkte (Positionierpunkte), der Spannkrafteinleitungsstellen und der Unterstützungspunkte, die bei gegebenem „Spannkraftfluß" und dem während der Bearbeitung in der Vorrichtung und im Werkstück auftretenden „Bearbeitungskraftfluß" zu geringen Vorrichtungs- und Werkstückdeformationen führen.
2. Die Angabe der zur Bearbeitung des Werkstücks erforderlichen Spannkräfte. Diese sollten man nicht unnötig überschreiten.
3. Die unter 1 und 2 gefundenen Angaben gestatten den Aufbau einer ausreichend stabilen, jedoch nicht überdimensionierten Vorrichtung.
4. Weitere Belange wie Ausrichtung und Befestigung der Vorrichtung an der Werkzeugmaschine, Ausrichtung des Werkzeugs relativ zur Vorrichtung (und damit zum Werkstück!) usw. sind ebenfalls Bestandteile des Pflichtenheftes.
5. Die Forderung nach Anwendung von Normteilen, sowie weiteren kostensenkenden Maßnahmen gehören in das produktklassenspezifische Pflichtenheft für Vorrichtungen.
6. ....

Der Aufbau einer solchen entwurfsorientierten Anforderungsliste bereitet im Vorrichtungsbau keine Schwierigkeiten. Ein Problem liegt jedoch in der kostengünstigsten Gesamtkonzeption bei unsicheren Stückzahlangaben.

3.2 Die funktionale Darstellung der Aufgabe „Vorrichtung"

Die Vorrichtungen sind ein sehr geeignetes Beispiel, die Problematik des Begriffs „Funktion" für die gestaltende, geometrisch orientierte Konstruktion zu beleuchten. Hier ist der *Funktionsbegriff* noch keineswegs klar formuliert, was man an vielen Veröffentlichungen immer wieder erkennen kann. Wir benutzen für den Fall der Vorrichtungen zunächst die zustandsverbale Beschreibung des Werkstücks vor und hinter einer Black-Box[1], d.h., wir fassen die „Tätigkeit" der Black-Box am Werkstück als Gesamtfunktion der Vorrichtung auf. Diese Darstellungsart für Funktion, die die Zustandsänderung zwischen dem Zustand O (ohne, vorher, ...) und dem Zustand n (nachher, mit ...) benutzt, ist konstruktiv anschaulich als Arbeitsweise eines Organs bzw. als dessen Zweck in einem größeren Ganzen. Sie ist andererseits aber auch wieder so abstrakt, daß sie die gedankliche Loslösung von einer bestehenden Lösung ermöglicht und erfüllt damit den Hauptgrund für die Einführung des Funktionsbegriffs in die Konstruktionsmethodik. Durch Verfeinerung dieser Art der Funktionsdarstellung läßt sich auch die zustandsverbale Beschreibung der einzelnen Baugruppen einer Vorrichtung gewinnen.

Vorrichtungen dienen zur Fixierung des Werkstücks in einem Bezugssystem gegen die Wirkung von Kräften, zur Führung von Werkzeugen, Spanableitung ... Dabei wird vorausgesetzt, daß die Vorrichtung auf dem Werkzeugmaschinentisch definiert ausgerichtet und befestigt ist. Beim Spannen in Prüf- bzw. Anreißvorrichtungen sind die Bearbeitungskräfte Null. In Bild 3.1 ist die funktionale Darstellung der Gesamtaufgabe einer Vorrichtung im oben angegebenen Sinne durchgeführt. Es darf hier bemerkt werden, daß diese Art der funktionalen Darstellung für die konstruktive Entwicklung von Vorrichtungen zu abstrakt ist. Sie ist aber ein nützliches Mittel zur Ordnung der Erfahrungen.

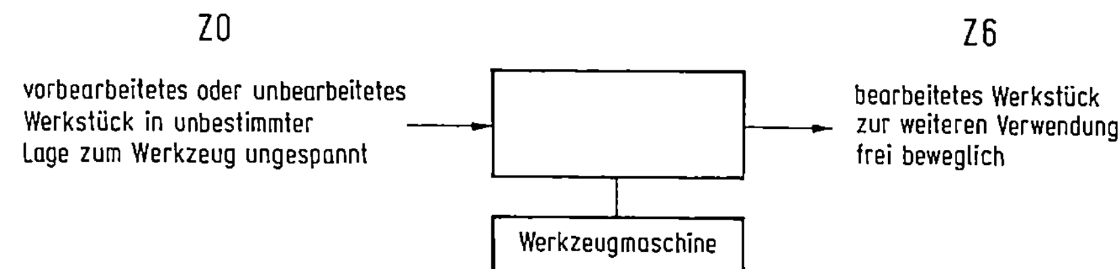

Bild 3.1. Funktionale Darstellung der Gesamtaufgabe einer Vorrichtung.

---

[1] Black-Box: Schwarzer Kasten: Betrachtungsweise für ein Gerät oder eine Funktion, wobei der innere Aufbau bzw. der Funktionsablauf übersehen wird. Man interessiert sich nur für den Zustand vorher und nachher (z.B. Vorrichtungen, Hochofen, Käsezubereitung u.ä.) oder betrachtet ausschließlich die Eingangsvoraussetzungen, Manipulationsmöglichkeiten und Ausgangsergebnisse (z.B. Fernseher, Waschmaschine, Computer, o.ä.).

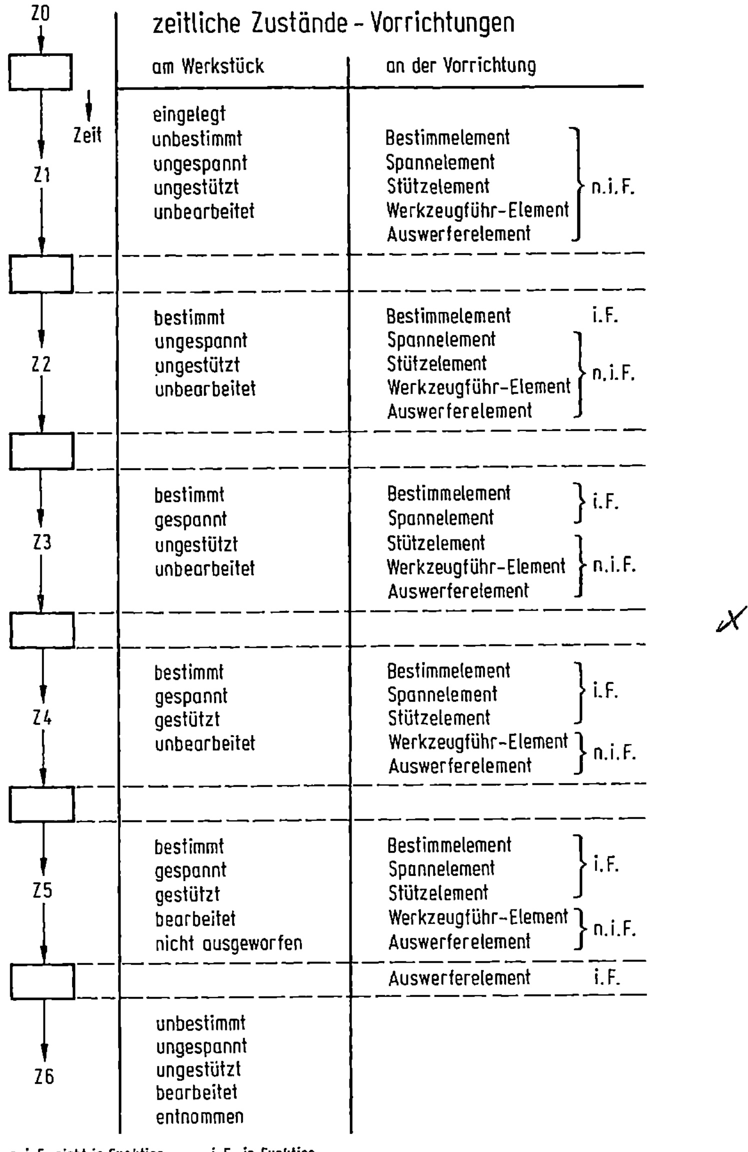

Bild 3.2. „Zustände", die in einer Vorrichtung auftreten.

Man kann die Zustände, die das Werkstück in der Vorrichtung „durchläuft" in die Gesamt-Black-Box eintragen (Bild 3.2) und erhält damit eine von manchen als *Funktionsstruktur* bezeichnete Darstellung. Eine weitere Art der Darstellung der Tätigkeiten, die in einer Vorrichtung auftreten, zeigt die „operationale Funktionsstruk-

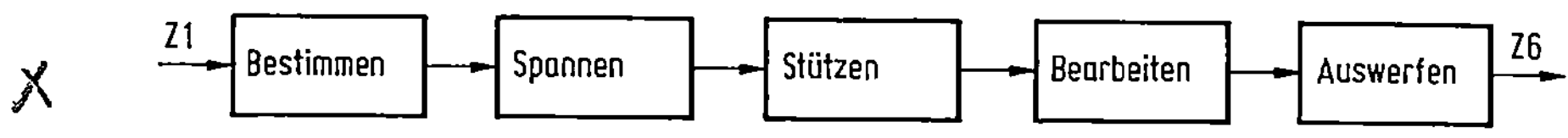

Bild 3.3. Operationale Darstellung der Funktionsstruktur einer Vorrichtung ohne Einlegen.

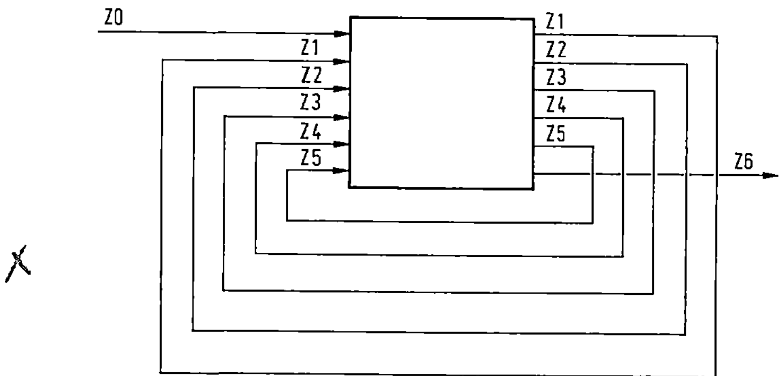

Bild 3.4. Schema des Funktionsablaufs innerhalb einer Vorrichtung.

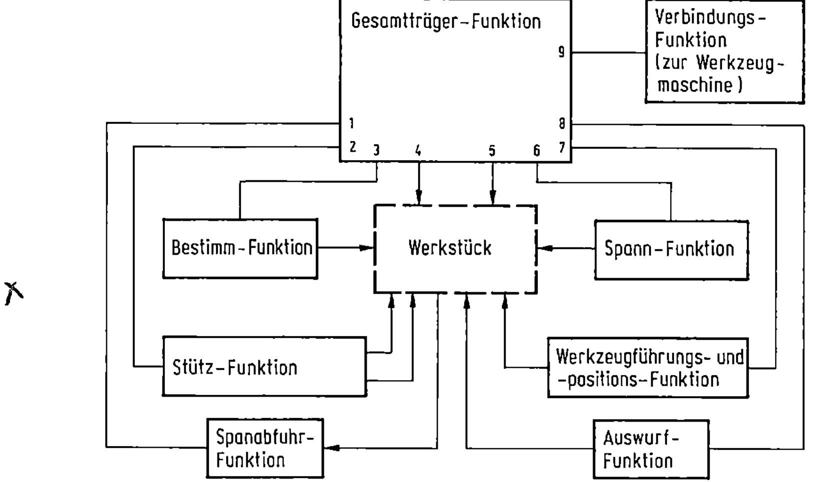

Bild 3.5. Geometrisch orientierte Funktionsstruktur.

tur" Bild 3.3. Auch diese Darstellung ist eigentlich keine Funktionsstruktur im geometrisch-gestalterischen Sinne. Man sieht dies sofort
ein, wenn man sich klar macht, daß die Zustände Z1 bis Z5 ja am
geometrisch selben Ort in der Vorrichtung ablaufen (Bild 3.4). Erst
die Darstellung nach Bild 3.5 darf man als eine geometrisch orientierte Funktionsstruktur ansehen. Hier werden die produktklassen-
typischen Funktionen in ihrer grundsätzlichen geometrischen Anordnung sichtbar, und man kann daran sogar gestaltende
Überlegungen durchführen. Im allgemeinen ist jedoch die schematische Baugruppenstruktur (Bild 3.6) für die Gestaltung neuer Vorrichtungen von ausreichendem Abstraktionsgrad.

10

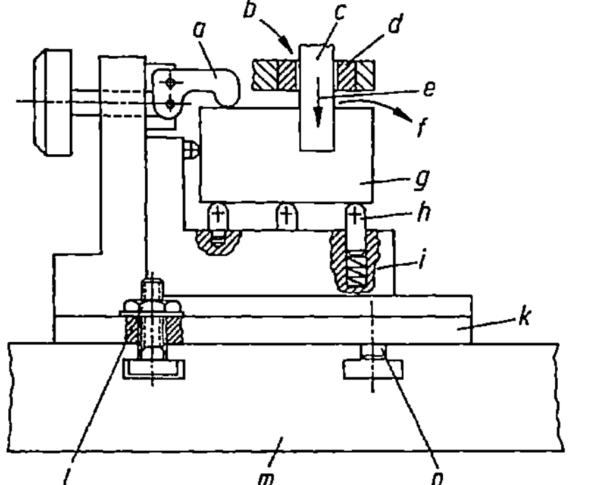

Bild 3.6. Schematische Baugruppenstruktur einer Vorrichtung. *a* Spannsystem, *b* Kühlmittel, *c* Werkzeug, *d* Führungselement, *e* Schnittkraft, *f* Späneabfuhr, *g* Werkstück, *h* Stützelement, *i* Bestimmungssystem, *k* Grundkörper, *l* Verbindungselement, *m* Werkzeugmaschinentisch, *n* Ausrichtelement

3.3 Die Ordnung der Erfahrung

In fast jedem Produktklassenbereich existieren Vorerfahrungen. Diese Vorerfahrungen kann man in theoretische Grundlagen, in den existierenden Formenschatz und in Praxis Know-how der Herstellung einteilen. So sind z.B. die in einer Vorrichtung ablaufenden Zustände (Bild 3.2) typisch für die Baugruppen und Bauteile, die im folgenden in den einzelnen Abschnitten in ihren konstruktiven Ausführungsformen beschrieben werden.

Die geordneten Erfahrungen sind immer die Grundlage für Neuentwicklungen und Neukonstruktionen. Der Wert produktklassentypischer Funktionen liegt darin, daß man sich gedanklich von speziellen Ausführungen löst. Die geometrisch orientierte Baugruppenstruktur ist konkreter als die zustandsverbale Funktionsdarstellung.

3.4 Die Abstraktion der Erfahrung

Die Abstraktion der Erfahrungen bei Vorrichtungen wurde durch die vom Konkreten zum Abstrakten zielenden Schritte

- Baugruppenstruktur,
- zustandsverbale Beschreibung der Gesamtfunktion,
- zustandsverbale Beschreibungen des Werkstücks in der Vorrichtung,
- operationale Beschreibung der Tätigkeiten, die am Werkstück erfolgen,
- geometrisch orientierte Funktionsstruktur,

ausführlich dargelegt.

An den produktklassen-typischen Teilaufgaben Bestimmen, Spannen, Stützen ... werden die theoretisch orientierten Überlegungen geordnet. Um den geschlossenen Rahmen einer Beispielsammlung nicht zu sprengen, werden dazu einige Überlegungen gesondert im Abschn. 5.1 gegeben. Bei der Suche nach neuen Vorrichtungen steht naturgemäß die geometrisch-funktionale Lösungssuche im Vordergrund.

4 Funktionen, Elemente und Baugruppen der Vorrichtungen

4.1 Bestimmen (Positionieren)

Durch Bestimmen gilt es, das Werkstück in eine derartige Position zu bringen, daß es für den anschließenden Spann- und Bearbeitungsvorgang ausreichend definiert zur Vorrichtung und damit zur Werkzeugmaschine ausgerichtet ist. Beim Spannen darf keine Veränderung der Bestimmlage erfolgen d.h. Bestimmen und Spannen müssen immer gemeinsam gesehen werden [4]

Bekanntlich benötigt man sechs Stützpunkte zur definierten Lagebestimmung eines Werkstücks. Es müssen

- drei Freiheitsgrade in Richtung der Koordinatenachsen und
- drei Freiheitsgrade der Rotation um diese Koordinatenachsen aufgehoben werden (s. Abschn. 5.1).

Begrifflich kann man zwischen *Zentrieren und Bestimmen unterscheiden.*
Zentrieren (Einmitten):
Festlegen eines Werkstücks bezüglich seiner Mittelebenen.

Halbzentrieren – Festlegung bezüglich einer Mittelebene:
     Bild 4.1, Ebene *a-a*
Zentrieren   – Festlegung bezüglich zweier Mittelebenen:
     Bild 4.2, Ebenen *a-a* und *b-b*.
Vollzentrieren – Festlegung bezüglich dreier Mittelebenen:
     Bild 4.3, Ebenen *a-a, b-b, c-c*.

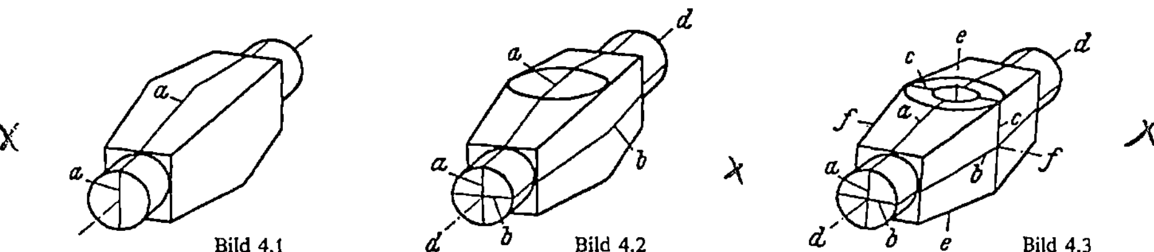

Bilder 4.1 bis 4.3. Zentrieren eines Körpers in bezug auf eine, zwei oder drei Mittelebenen.

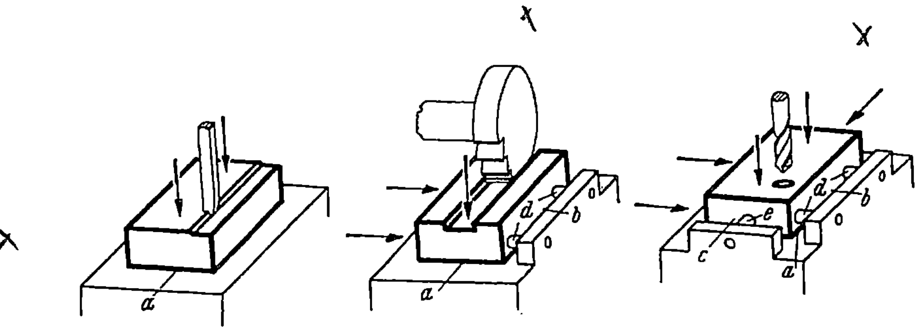

Bild 4.4. Halbbestimmen.　　Bild 4.5. Bestimmen.　　Bild 4.6. Vollbestimmen.

Bestimmen:

Festlegen eines Werkstücks bezüglich seiner Oberfläche in einer, zwei oder drei Ebenen. Es erfolgt auf drei Arten:

Halbbestimmen	– Das Werkstück wird nur bezüglich einer Fläche festgelegt: Bild 4.4.
Bestimmen	– Das Werkstück wird bezüglich zweier Flächen festgelegt: Bild 4.5.
Vollbestimmen	– Das Werkstück wird mit Bezug auf drei Flächen festgelegt: Bild 4.6.

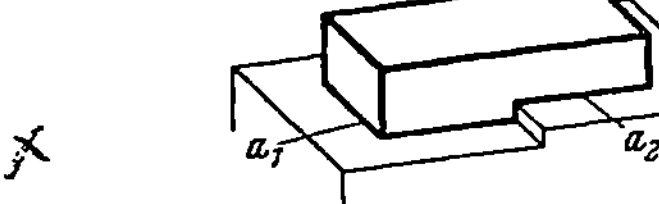

Bild 4.7. Überbestimmtes Werkstück.

Ein Werkstück kann niemals auf zwei abgesetzten Flächen gleichzeitig halbbestimmt werden. (Bild 4.7). Das Werkstück kann entweder nur auf der Fläche a_1 oder a_2 aufliegen, anderenfalls auf drei Punkten. Es ist sonst überbestimmt.

Einige Gestaltungsregeln zum Bestimmen (Regeln niemals ohne Ausnahme sehen!):

– Bestimmpunkte bzw. Bestimmflächen je nach dem Vorbearbeitungszustand des Werkstücks anordnen. Bearbeitete Stellen zur Bestimmung vorziehen.

– Möglichst große Abstände der Bestimmpunkte in den Bestimmflächen anstreben.

– Spannpunkte so anordnen, daß die Bestimmlage beim Spannen erhalten bleibt.

– Bestimmpunkte möglichst „gegenüber" den Spannpunkten anordnen, um kurze Kraftflußwege im Werkstück zu erreichen. Das

14

Werkstück kann mit drei, zwei oder auch nur einem Spannpunkt
gegen die Bestimmebenen gespannt werden. Die Einpunktspan-
nung führt zu kostengünstigen, zuverlässigen Vorrichtungen, bedingt jedoch i. allg. längere Kraftflußwege im Werkstück.
- Bestimmen, Spannen und Unterstützen immer gemeinsam mit
  dem Werkstück sehen.

4.1.1 Halbzentrieren – Zentrieren – Vollzentrieren

4.1.1.1 Prismen und Kegel. Ein Werkstück muß in einer Vorrichtung
zu einer Mittelebene ausgerichtet (d.h. *halbzentriert!*) werden, wenn
es an einer oder gleichzeitig an zwei gegenüberliegenden Flächen
bearbeitet werden soll. Es kann dazu in prismatische Auflagen gespannt werden (Bild 4.8).

Je nach Toleranzsituation und Werkstückzahl pro Operation sind
unterschiedliche Vorrichtungskonstruktionen möglich. Eine einfache Reihenspannvorrichtung, die keine strenge Wandstärkengleich-
heit s ermöglicht, zeigt Bild 4.9. Die durch die Prismen bestimmten
Mittelebenen a_1-a_1, a_2-a_2 und a_3-a_3 der Zylinder liegen wohl parallel
zueinander, die dazu senkrechten Zylinderachsen aber infolge
Durchmesserabweichungen nicht alle in der Ebene b-b. Eine verbes-
serte Ausführung ist in Bild 4.10 dargestellt. Unabhängig vom jeweiligen Durchmesser der Werkstücke liegen hier alle Mittelebenen in
der Ebene a-a. Die beweglichen Spannprismen d und e können sich
den festen Prismen g anpassen. Die Bestimmung in Richtung der
Zylinder-Längsachse erfolgt in der Ebene b-b.

Eine Anordnung zum Fräsen von Wellen zeigt Bild 4.11. Die
Mittelebenen der Wellen müssen hierzu parallel liegen. Durch Drehen an den beiden Schrauben c erfolgt eine Abwärtsbewegung der
Spannkolben h, die die Wellen gleichmäßig fest gegen die Schiene g
spannen, die an der Vorrichtung fest angeordnet ist.

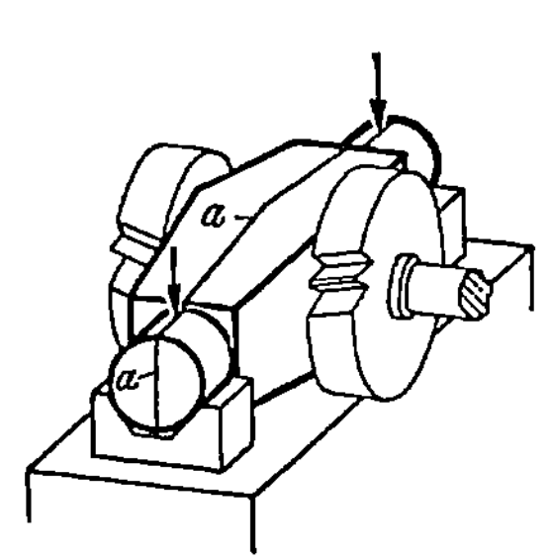

Bild 4.8. Zu doppelseitiger Bearbeitung
halbzentriertes Werkstück.

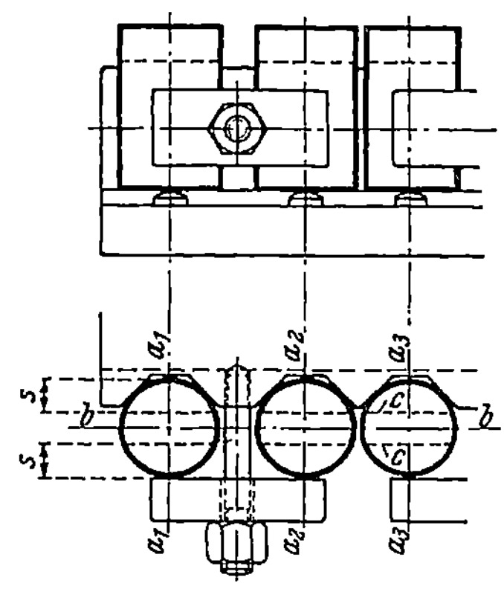

Bild 4.9. Toleranzabhängiges Halbzentrieren
in einer Reihenspannvorrichtung.

15

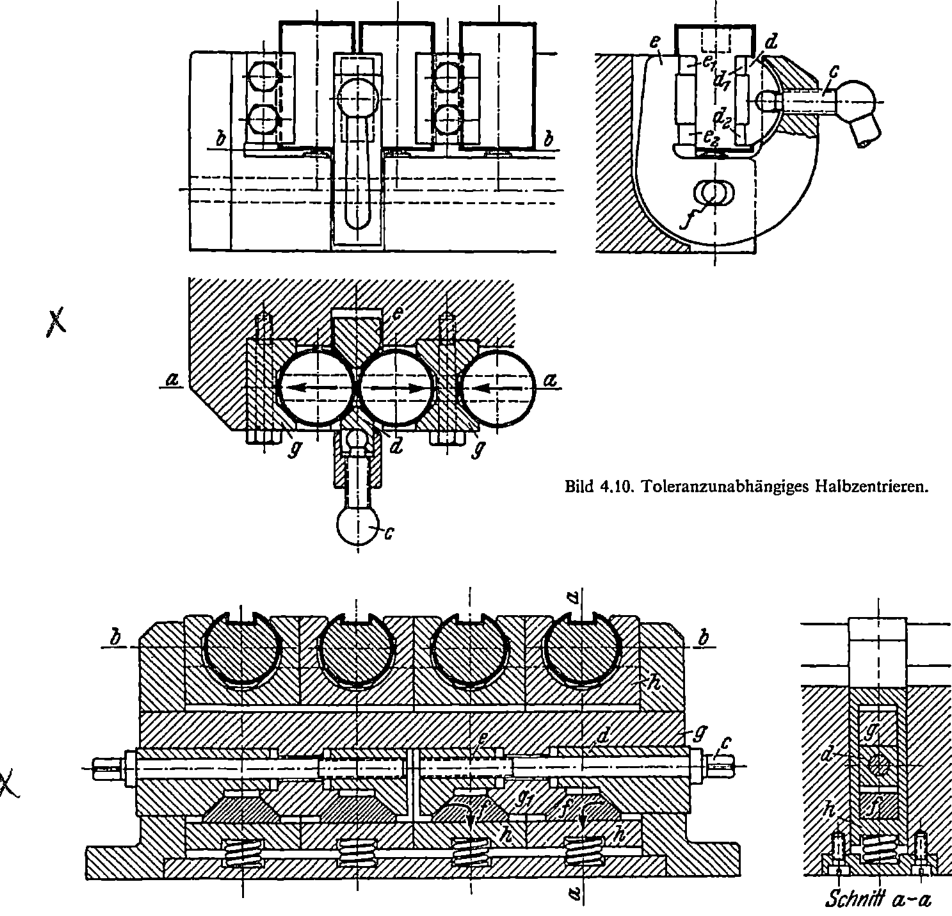

Bild 4.10. Toleranzunabhängiges Halbzentrieren.

Bild 4.11. Halbzentrieren in Mehrfachspannvorrichtung.

Die Bilder 4.12 und 4.13 zeigen das Halbzentrieren durch zentrisches Spannen. Diese Vorrichtungsanordnungen erlauben tiefe Werkstückausladungen und lassen die symmetrische Ausführung derartiger Vorrichtungen erkennen. Die Vorrichtung gemäß Bild 4.13 erlaubt durch die Doppelkegelschnecken größere Bewegungen der Spannstößel. Die bisher behandelten Vorrichtungen zum Zentrieren lassen erkennen, daß Bestimmen und Spannen hier mit denselben Elementen erfolgt.

Die Bilder 4.14 und 4.15 zeigen das Halbzentrieren nur eines Teils eines Werkstücks durch eine zentrische Doppelspannung. In Bild 4.14 ist die Einzelspannung dargestellt, wobei durch Pressen des Werkstücks auf den Punkt b über die Hebel c die Mittelebene a-a des Werkstücks festgelegt wird. In Bild 4.15 ist die Ausführung als Dop-

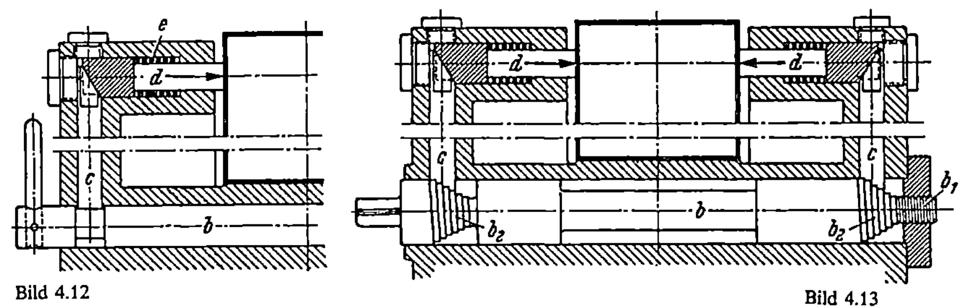

Bild 4.12   Bild 4.13

Bilder 4.12 und 4.13. Halbzentrieren durch zentrisches Spannen.

Bild 4.12. b Doppelexzenterwelle, c Keilstößel, d Zentrierstößel, e Feder.

Bild 4.13. b Doppelkegelschnecke, b_1 Führungsgewinde mit gleicher Steigung wie b_2, c und d wie in Bild 4.12.

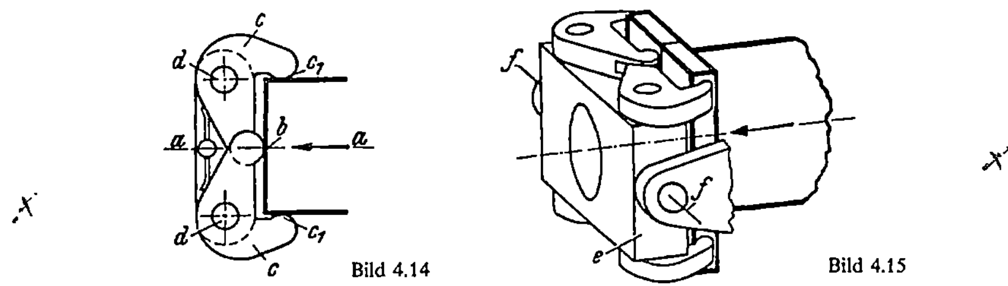

Bild 4.14   Bild 4.15

Bilder 4.14 und 4.15. Halbzentrieren durch selbstspannende zentrische Doppelspannung. a-a Mittelebene, b Druckpunkt, c Hebel, c_1 Hebelnasen, d Zapfen, e Vorrichtungskörper, f-f Schwenkachse des Vorrichtungskörpers.

pelspannung dargestellt. Der die Spannhebel tragende Vorrichtungskörper e kann um die Achse f-f schwenken.

Zur Rundbearbeitung werden die Werkstücke je nach ihrer Form von außen oder von innen *zentriert*. Aus den geometrischen Bedingungen folgt, daß man beim Außenzentrieren kleinere Spannkräfte benötigt und genauere Zentrierungen erhält als beim Innenzentrieren. Beim Innenzentrieren wird immer an einem Durchmesser zentriert, der kleiner ist als der Bearbeitungsdurchmesser. Wenn man auf einem Spanndorn zentriert, dann wird die Rundlaufgenauigkeit des zu bearbeitenden Werkstücks ungefähr gleich der des Spanndornes sein, falls die Gesamtlänge des Werkstücks ungefähr gleich der Spannlänge ist. Auch zur Einhaltung von Planlaufgenauigkeiten sind die Bedingungen beim Innenzentrieren ungünstiger als beim Außenzentrieren. Bild 4.16 zeigt den Fall der Innenzentrierung für die Rundbearbeitung. Das Werkstück wird hierzu zwischen zwei Zentrierspitzen aufgenommen, wozu es vorher durch Anbringen der Zentrierbohrungen vorbereitet sein muß. Die Bilder 4.17 und 4.18 lassen zwei einfache Beispiele erkennen. Kegelzentrierungen erfordern genaue Berührungskanten des Werkstücks, die in einer zur Zentrierachse rechtwinkligen Ebene liegen. Das Beispiel nach Bild 4.19 zeigt die Verwendung von Kegeln und Prismen zur Zentrierung

17

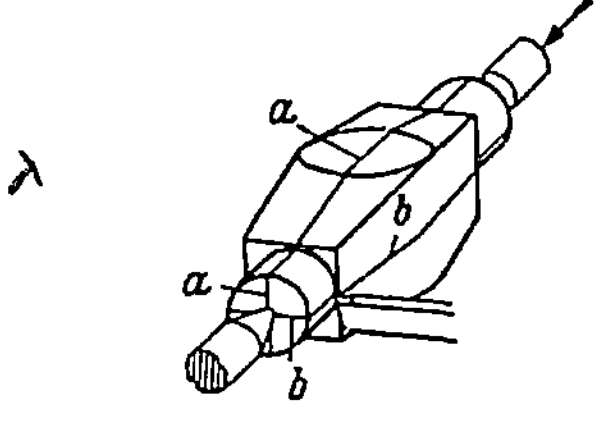

Bild 4.16. Innenzentrieren
durch Zentrierspitzen.

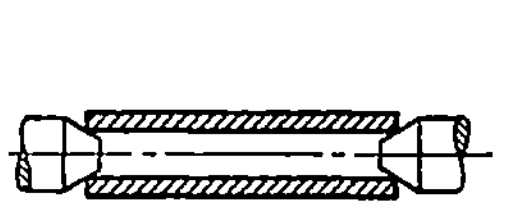

Bild 4.17. Innenzentrieren
durch abgestumpfte Kegel.

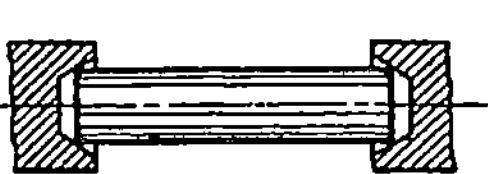

Bild 4.18. Außenzentrieren durch
Hohlkegel.

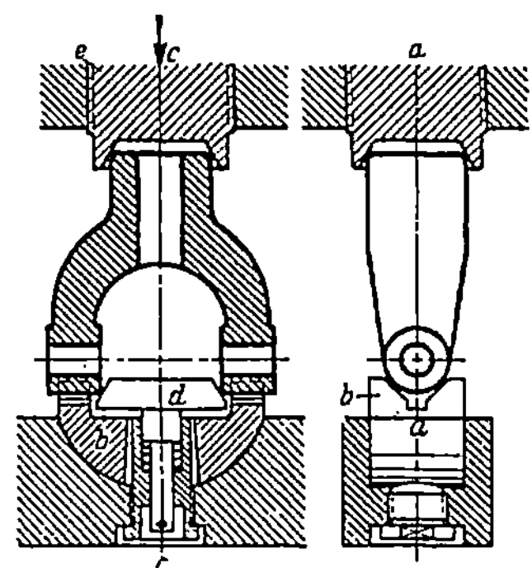

Bild 4.19. Zentrierter Gabelkopf. *a-a* senkrechte Lochebene,
b Gabelprisma, *c-c* Ebene senkrecht zu *a-a*, *d* Zentrierkeil-
stück, *e* Spannorgan, zugleich Zentrierorgan mit Hohlkegel.

eines Gabelkopfes. Der Innenkegel *e* ist gleichzeitig als Spannorgan
ausgebildet und zentriert das Schaftende. Die beiden Gabelenden
werden in der senkrechten Lochebene *a-a* durch das als Wippe aus-
gebildete Gabelprisma *b* und in der senkrechten Ebene *c-c* durch das
federnde Keilstück *d* eingestellt. Das Zentrier-Spannorgan *e* könnte
zusätzlich noch die Bohrwerkzeugführung tragen.

4.1.1.2 Feste Dorne. Das Zentrieren auf festen Dornen nach
DIN 523 ist eine einfache Art der Zentrierung bei nicht zu hohen
Ansprüchen an die Genauigkeit. Die Dorne haben zur Überbrük-
kung der Toleranzen der ISA-Passungen einen leicht kegeligen An-
schliff. Das Werkstück kann damit nicht auf seiner ganzen Länge
zentriert werden, was einen gewissen Taumelschlag hervorbringt
(Bild 4.20).

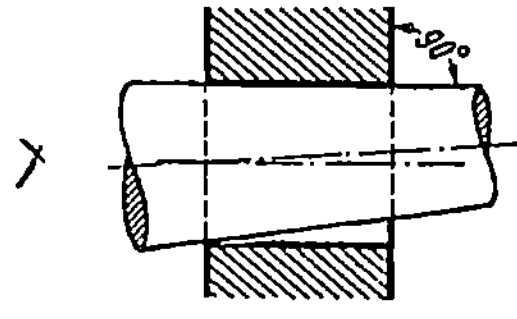

Bild 4.20. Zentrierfehler mit festem Dorn nach DIN 523.

18

4.1.1.3 Spreizfutter (Spannzangen). Spreizbare Futter nennt man auch Spannzangen. Diese in den verschiedensten Ausführungsformen benutzten Futter sind einfach zu handhaben, erfordern nur geringe Spannzeiten und können Toleranzen im Aufnahmedurchmesser von 0,5 mm überbrücken, wobei sie nicht beschädigt werden. Sie bewirken eine gute Spannung, und bei richtiger Ausführung läuft das Werkstück auch gut rund. Werkstücke können während des Laufens der Hauptspindel ausgespannt und eingespannt werden, wozu bei entsprechenden Spanneinrichtungen nur kurze Bewegungen erforderlich sind. Es gibt sehr vielfältige Konstruktionsformen von Spannzangen, je nachdem wie die Spannbewegung geführt wird. In den Bildern 4.21 bis 4.29 sind einige Anordnungen dargestellt.

Bild 4.21. Außenzentrieren durch Spannpatrone.

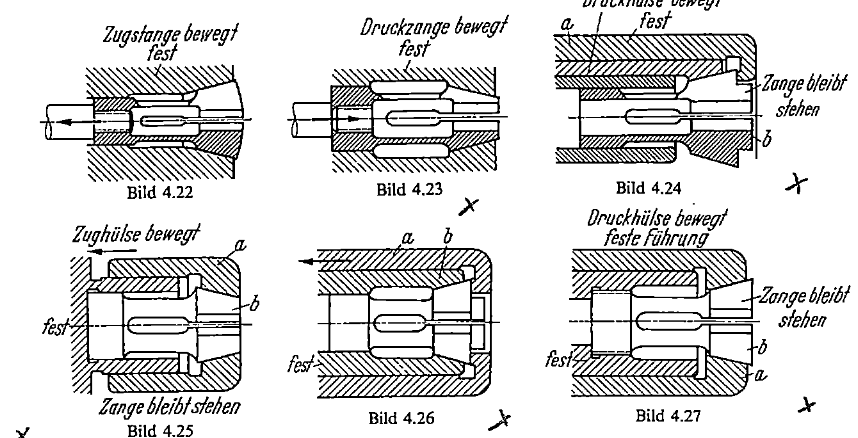

Bilder 4.22 bis 4.27. Die gebräuchlichsten Anordnungen bei Spannzangen mit einfacher Zentrierung.

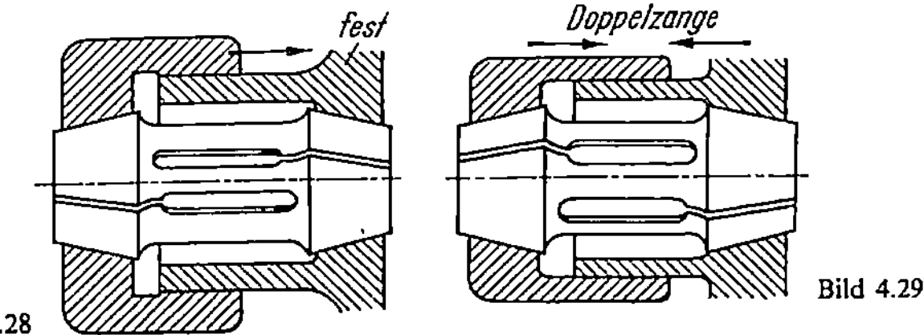

Bilder 4.28 und 4.29. Spannzangen mit zweifacher Zentrierung (Doppelzangen).

Die Spannzangen für Außenzentrierungen sind in den Bildern 4.30 und 4.31 dargestellt. Der Kegelwinkel der Spannpatrone soll stets 30° betragen, der zugehörige Winkel des Dorns bzw. der Hülse 29° bzw. 31°. Der Winkelunterschied bewirkt, daß stets das nach außen liegende Ende des Kegels arbeitet und der Kegel im gespannten Zustand über seine ganze Länge trägt. Die Schlitzkanten müssen gut abgeflacht sein, um das Werkstück nicht zu verdrücken. Die Wandstärke l darf nicht zu groß gewählt werden (DIN 6341 und Tabelle 4.1). Die Aufnahmebohrung bzw. der Aufnahmezapfen

Tabelle 4.1. Richtmaße für Spannzangen für Vorrichtungen mit größerem Spannbereich als nach DIN 6341 (vgl. Bilder 4.30 und 4.31)

Spannbereich a	b	c	d	e	f	g	h	i	k	l	Anzahl der Schlitze
40– 68	78	83	65	30	18	12	10	1,5	5 × 25	3,0	4
60–115	128	132	85	55	24	14	12	1,5	5 × 40	4,5	6
110–155	170	180	110	90	28	16	12	1,5	5 × 50	4,5	6

wird im schwach angespannten Zustand in dem zugehörigen Futter bzw. auf dem entsprechenden Dorn auf das Sollmaß des Werkstücks geschliffen, damit dieses bei entspannter Spreizpatrone leicht aufgenommen werden kann. Alle scharfen Kanten an den Aufnahmen sowie scharfe Ecken sind zu vermeiden, da sonst leicht Härterisse entstehen. Die Werkstücke müssen vorgearbeitet oder aus gezogenem Material sein, damit Beschädigungen der Spannpatronen vermieden werden! Bilder 4.32 bis 4.34. Abmessungsrichtwerte für Spannpatronen größer als 60 mm Spannbereich können der

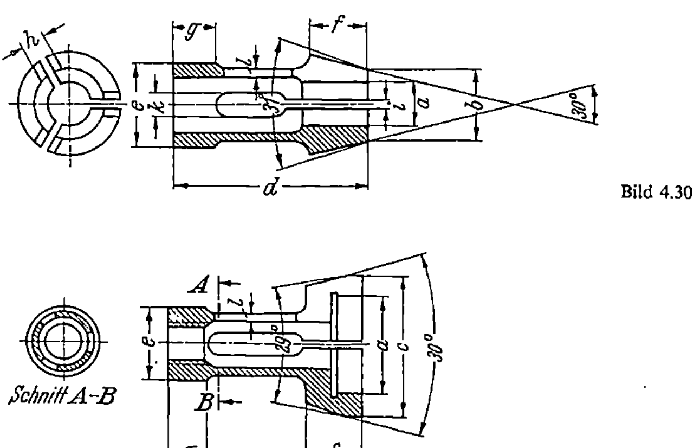

Bild 4.30

Bild 4.31

Bilder 4.30 und 4.31. Spannpatronen für Spannzangen zum Außenzentrieren (Abmessungen nach DIN 6341 und Tabelle 4.1).

20

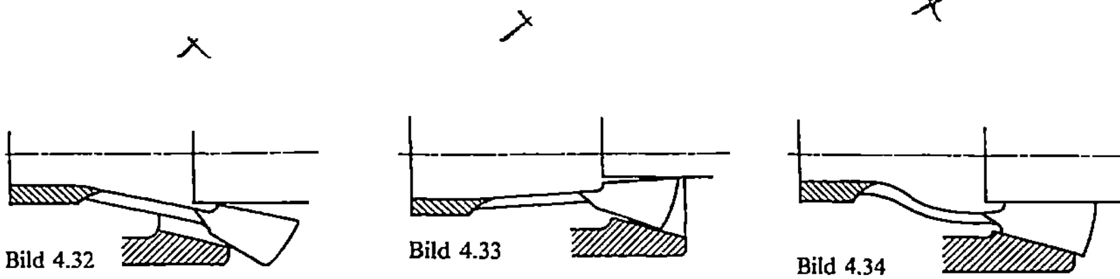

Bild 4.32 Bild 4.33 Bild 4.34

Bild 4.32. Das Werkstück ist zu stark, die Spannpatrone faßt nur mit der Innenkante.

Bild 4.33. Das Werkstück ist zu schwach, die Spannpatrone faßt nur mit der Außenkante.

Bilder 4.32 und 4.33. Fehlerhafte Anlage von Spannpatronen für Spannzangen.

Bild 4.34. Gut federnde Spannpatrone. Sie kann gut durchbuckeln und schmiegt sich dem Werkstück an.

Tabelle 4.1 entnommen werden. Bis 60 mm lege man DIN 6341 zugrunde.

Für die Auswahl der Zangenkonstruktion sind die Werkstückeigenschaften und die Art der Bearbeitung wesentlich. Weil bei bewegten Zangen das Werkstück immer etwas in Richtung der Zange mitgezogen wird, (Bilder 4.22 und 4.23) müssen die Werkstücke gegen feste Anschläge gezogen werden. Man kann auch die Zange feststehend anordnen und die Spannung durch die bewegte Futterhülse oder eine Spannhülse vornehmen.

4.1.1.4 Spreizdorne (Spreizhülsen).

Spreizhülsen sind Spannzangen, mit denen Werkstücke in ihrer Bohrung aufgenommen und gespannt werden. Man nennt sie auch Spreiz- oder Expansionsdorne. Das Bild 4.35 zeigt einen Dorn mit geschlitzter Spannpatrone zum Innenzentrieren. Die Bilder 4.36 und 4.37 zeigen Dorne, deren Spannpatronen geschlitzt sind und die über Stahlkugeln gespreizt werden. Am Expansionsdorn Bild 4.38 wird durch Anziehen des kegeligen Spanndorns das Werkstück durch ein Aufspreizen der geschlitzten Spannpatrone b gespannt und durch Anschlag axial bestimmt.

Für genaue Arbeiten muß der Spanndorn (Kegeldorn) so lang wie irgend möglich geführt sein. Das geschieht am besten durch eine eingepreßte Hülse nach Bild 4.39. Die Länge des federnden Hülsen-

Bild 4.35. Innenzentrierung durch Spannpatrone.

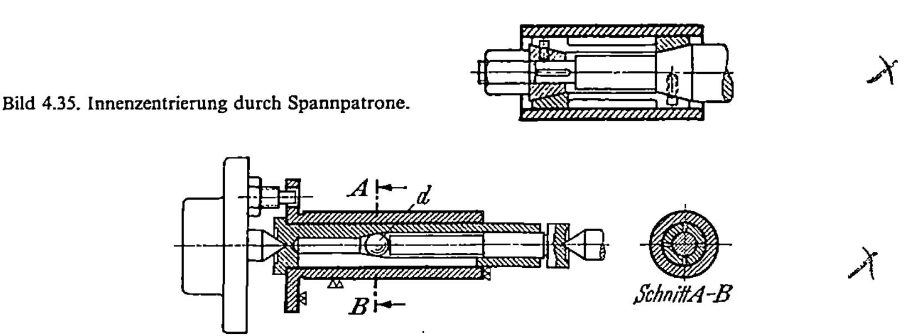

Bild 4.36. Zentrieren und Entfernungbestimmen durch Spitzenspreizdorn (Expansionsdorn). d Stahlkugel, sitzt im kegeligen Absatz der Spreizhülsenbohrung und spreizt die Hülse beim Spannen, so daß Werkstück festgespannt wird.

21

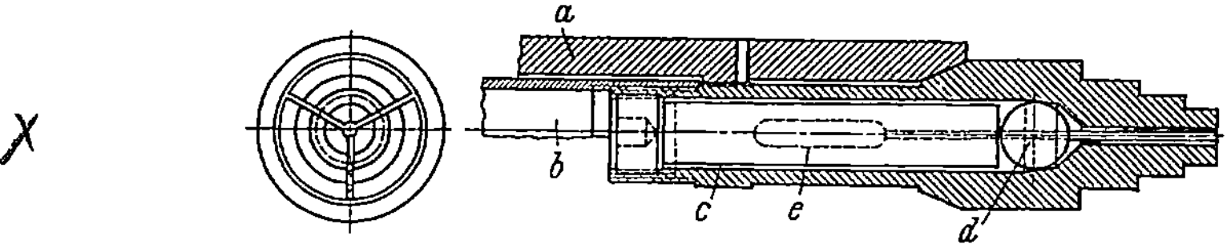

Bild 4.37. Spreizdorn (Expansionsdorn) für Kraftbetätigung mit gleichem Spannprinzip wie in Bild 4.36. *a* an der Werkzeugmaschinenspindel befestigte Mantelhülse, *b* Distanzrohr bis zur Kraftbetätigung (Druckluft- oder Hydrokolben), *c* dreifach geschlitzte Spreizhülse ohne Entfernungbestimmung, *d* Stahlkugel im kegeligen Teil der Spreizhülsenbohrung, *e* Druckbolzen.

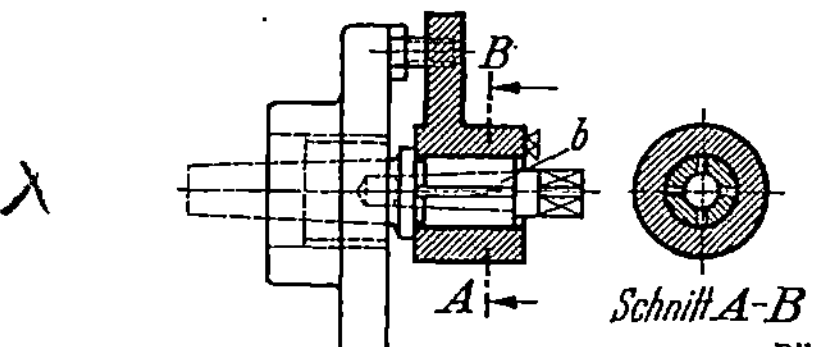

Bild 4.38. Zentrieren und Entfernungbestimmen durch fliegenden Dorn.

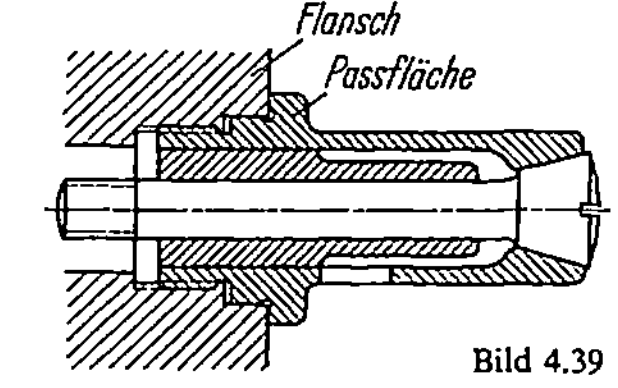

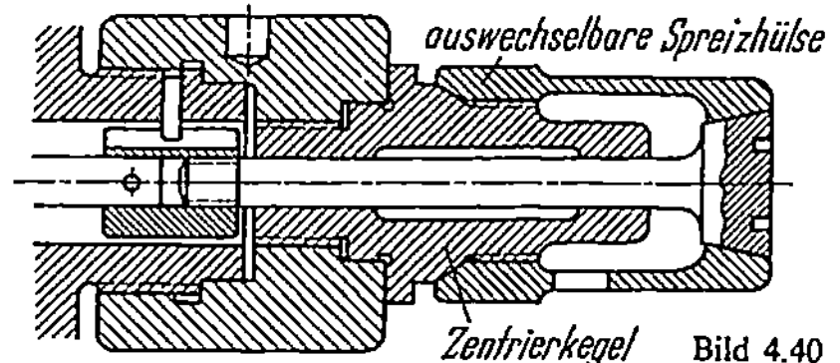

Bilder 4.39 und 4.40. Gut ausgeführte Spreizhülsen, auswechselbar.

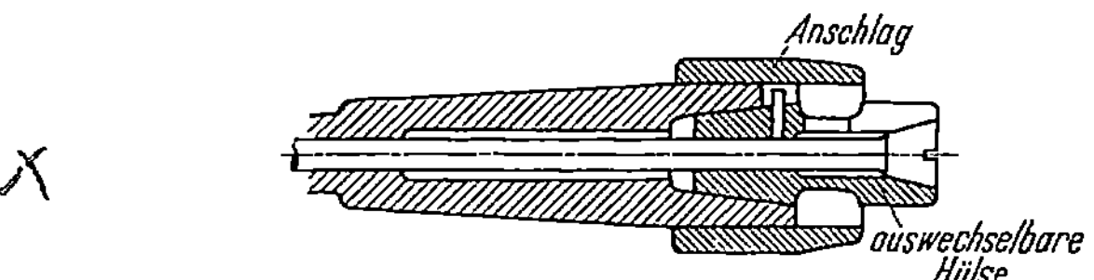

Bild 4.41. Kurze, auswechselbare Spreizhülsen im Kegelschaft.

teiles muß mindestens 1,5D sein. Die Bilder 4.40 und 4.41 zeigen auswechselbare Spreizhülsen. Bild 4.42 verdeutlicht die beste Form und Schlitzung einer Spreizhülse, Bild 4.43 zeigt eine doppelseitige Spreizhülse für lange Werkstücke.

Eine Spreizhülse in Form einer Kegelspannbuchse zeigt Bild 4.44. Die Spreizung von innen mit einem kegeligen Dorn ergibt die ideale Spannung für kleinere Durchmesser bei kurzen Spannlängen und für Sacklöcher. Ihre optimale Schlitzung gewährleistet eine gute Anlage zwischen Spanndorn und Spannbuchse einerseits und zwischen dieser und dem Werkstück andererseits, womit ein relativ großes Drehmoment übertragen werden kann, Bild 4.45 zeigt eine kraftbetätigte Ausführung mit Längsanlage.

22

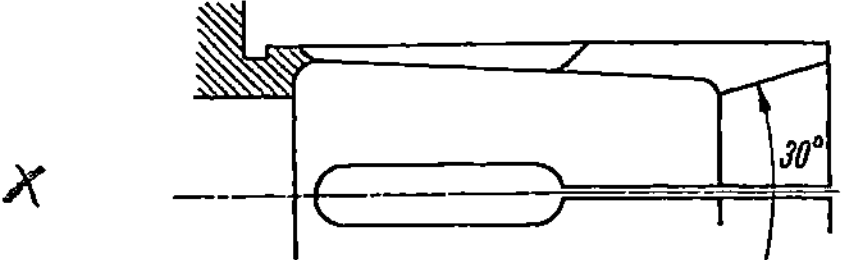

Bild 4.42. Beste Form für Spreizhülsen.

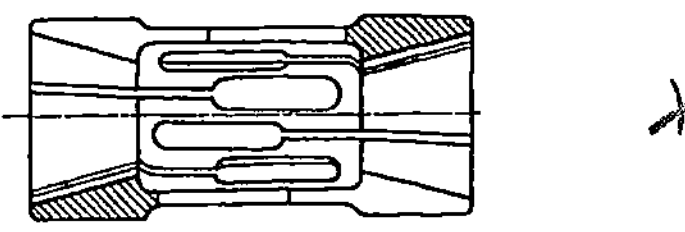

Bild 4.43. Doppelseitige Spreizhülsen für lange Werkstücke.

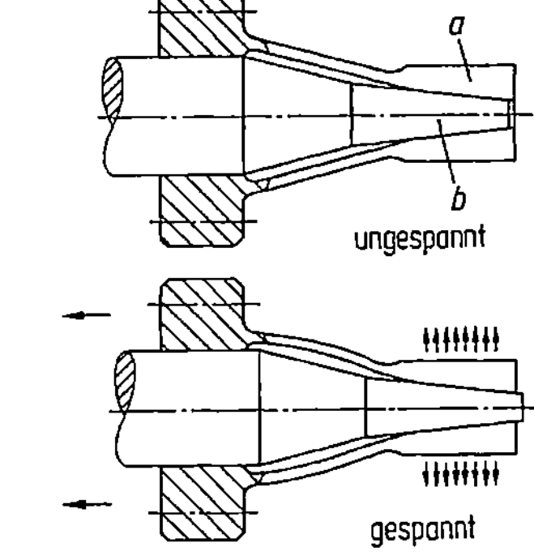

Bild 4.44. Wirkweise einer Kegelspannbuchse. *a* Kegelspannbuchse (Spreizhülse), *b* Kegelspanndorn.

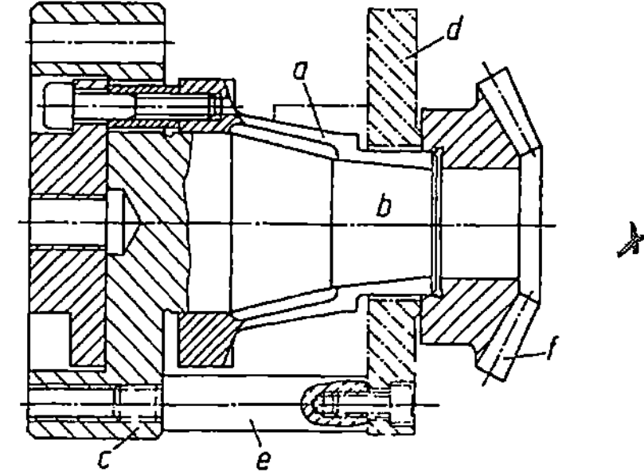

Bild 4.45. Kraftbetätigte Kegelspannbuchse mit Werkstückanlage. *a* Kegelspannbuchse, *b* Kegelspanndorn, *c* Zwischenflansch, *d* Anschlagplatte, *e* Stehbolzen, *f* Werkstück.

4.1.1.5 Backenfutter.

Für die Rundbearbeitung mittelgroßer und größerer Werkstücke sind die auch Backenfutter genannten Drehfutter nach DIN 6350, 6351 sowie auch 6353 am gebräuchlichsten. Sie werden meist als hand- oder kraftbetätigte Dreibackenfutter (Bild 4.46), für manche Zwecke auch als Zwei- oder Vierbackenfutter eingesetzt [3]. Die Kraftbetätigung kann pneumatisch oder auch hydraulisch erfolgen. Auf alle diese Futter können die üblichen, austauschbaren Stufenbacken (Bilder 4.47 und 4.48) aufgesetzt werden. Bei Verwendung der geteilten Backen nach Bild 4.48 lassen sich

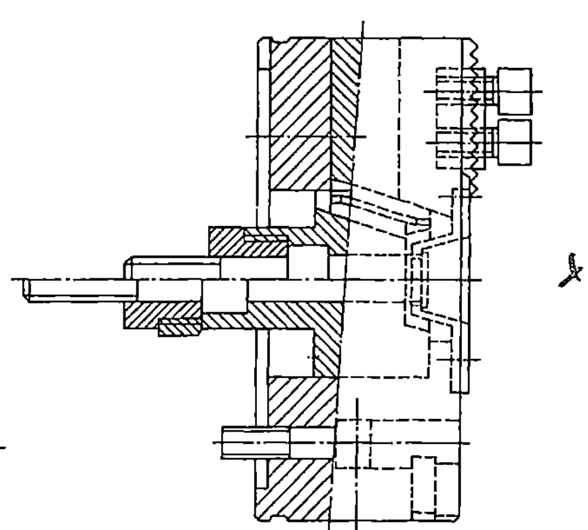

Bild 4.46. Kraftbetätigtes Dreibackenfutter (System Forkardt 3KT).

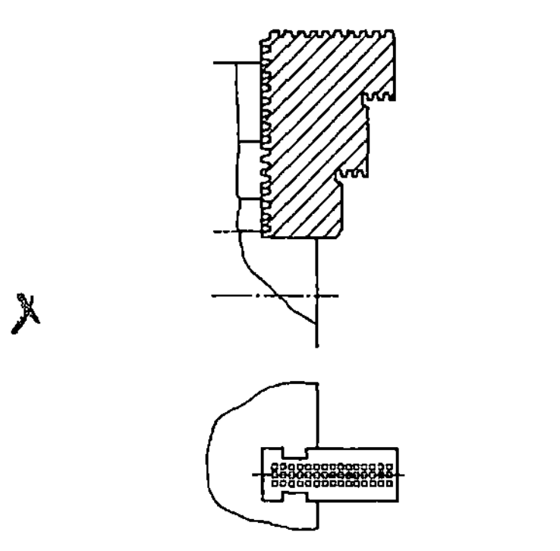

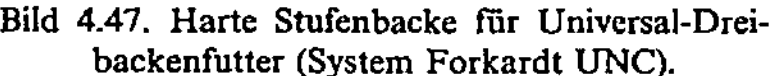

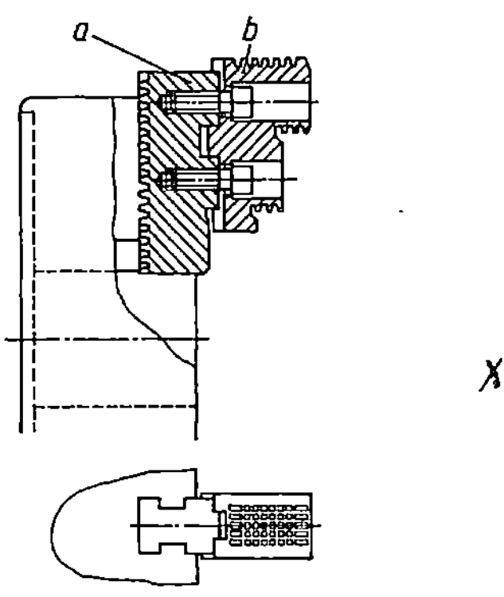

Bild 4.47. Harte Stufenbacke für Universal-Drei-
backenfutter (System Forkardt UNC).

Bild 4.48. Spannbacke mit Grundbacke für Uni-
versal-Dreibackenfutter (System Forkardt UNC).
a Grundbacke, b Aufsatzbacke.

die Aufsatzbacken als Sonderbacken auch speziellen Werkstücken anpassen (vgl. [8, Bilder 70 und 83]).

Die kleine Zahl von zwei bis vier Spannstellen am Umfang kann am Werkstück leicht Druckstellen entstehen lassen, bei hohlen oder ringförmigen Werkstücken können Verspannungen auftreten, die nach dem Lösen zu Unrundheit führen. Eingetretener Verschleiß in den Backenführungen kann weitere Ungenauigkeiten ergeben. Bei höheren Genauigkeitsansprüchen sollten daher die nachstehend beschriebenen Zentrier- und Spannvorrichtungen für Rundbearbeitung verwendet werden, die fast am ganzen Werkstückumfang gleichmäßig fest und doch gut lösbar anliegen.

4.1.1.6   RINGSPANN-Vorrichtungen, Flachspanner und Membranen. Die von der Fa. Maurer KG (Bad Homburg) entwickelten RINGSPANN- Spannvorrichtungen erfordern nicht so genaue Vorarbeit der Spanndurchmesser am Werkstück wie die für Feinstbearbeitung vorgesehenen im Anschluß an die RINGSPANN-Spannzeuge beschriebenen mechanisch oder hydraulisch betätigten Dehndorne oder -futter. Eine Verformung der Werkstücke ist ausgeschlossen, so daß sehr fest gespannt werden kann. Das Spannprinzip erlaubt kurze Spannlängen mit fester Spannung, was hohe Drehmomente und gute Zerspanleistungen ermöglicht [14].

Das Kernstück dieser Spannvorrichtungen ist die in Bild 4.49 gezeigte RINGSPANN-Scheibe aus gehärtetem Federstahl, die beim Flachdrücken innen kleiner und außen größer wird. Mit den gängigen Scheibengrößen lassen sich Werkstücke innen mit Durchmessern von 18 bis 200 mm und außen von 11 bis 165 mm zentrieren und spannen. Mehrere dieser Scheiben auf einen Dorn als Stütze gesetzt, ergeben einen Spanndorn für Innenzentrierung (Bild 4.50), setzt man sie in eine Buchse als Stütze ergibt sich ein Spannfutter für Außen-

24

Bild 4.49. RINGSPANN-Scheibe (Maurer KG, Bad Homburg).

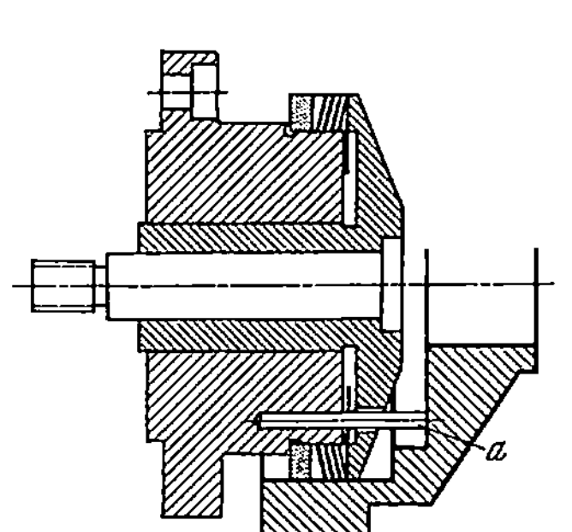

Bild 4.50. Flansch-Spanndorn für Innenzentrierung mit entfernungbestimmendem Anschlagstift *a* (System RING-SPANN).

zentrierung (Bild 4.52). Da jede einzelne Scheibe für sich federt, lassen sich auch Werkstücke mit leicht kegeliger Spannfläche gut zentrieren. Die Bilder 4.50 bis 4.52 zeigen unterschiedliche Ausführungen der Aufnahmen hinsichtlich Betätigung und maschinenseitiger Befestigung. Für die einwandfreie Zentrierung sind Toleranzen des Aufnahmedurchmessers bis IT 11 zulässig. Der Spannbereich liegt von N6 bis E8 bzw. von n6 bis e8 bei gleichem Nenndurchmesser. Die Verwendung dieser Scheibenelemente ermöglicht Austausch zum Anpassen an andere Verwendungszwecke als auch Wiederverwendung, wenn die Vorrichtung sich erübrigt. Die mit den Scheiben in Berührung kommenden Vorrichtungs- oder Werkstückflächen

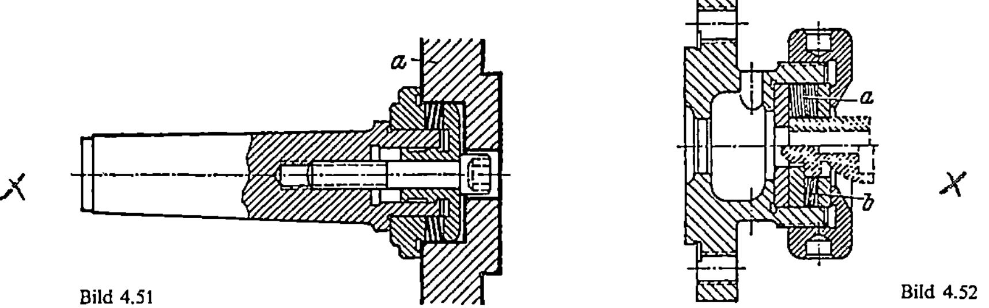

Bild 4.51

Bild 4.52

Bild 4.51. Spanndorn für Innenzentrierung (System RINGSPANN). *a* Werkstück.

Bild 4.52. Spannfutter für Außenzentrierung (System RINGSPANN). *a* je nach Werkstück 6 bis 12 RING-SPANN-Scheiben, *b* je nach Werkstück 1 bis 4 Scheiben.

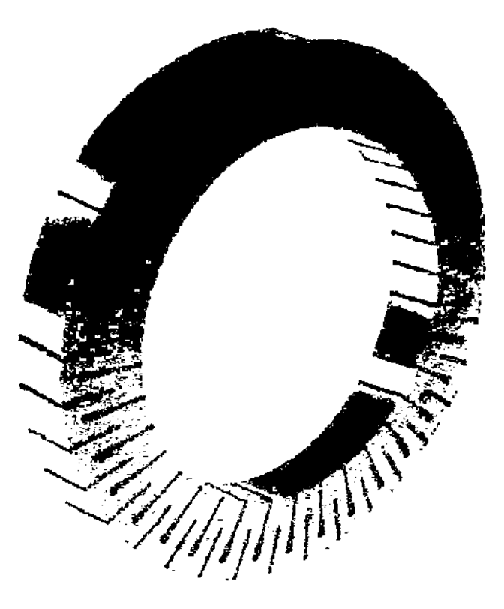

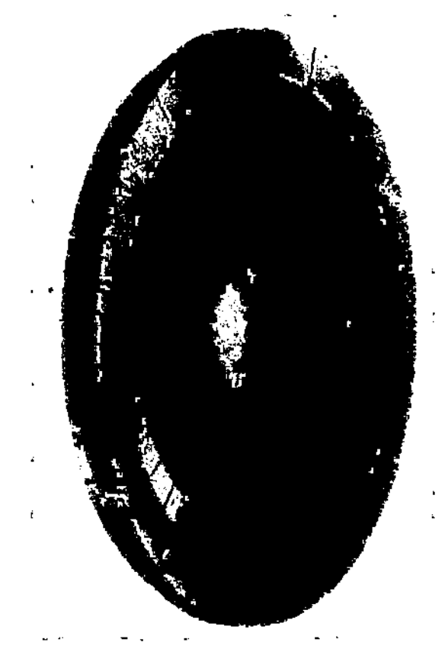

Bild 4.53. RINGSPANN-Scheibenblock.

Bild 4.54. Flachdorn-Spannkörper (System RINGSPANN).

müssen gehärtet sein, andernfalls ergeben sich Markierungen. Übergänge an den Vorrichtungen vom Stützdurchmesser zu Anlageflächen dürfen keine Rundungen oder Freistiche aufweisen, sondern müssen scharfkantig sein, falls nicht möglich, müssen scharfkantige Beilagen verwendet werden. Die Scheiben lassen sich durch eine gummielastische Masse zu einem Block vereinigen (Bild 4.53), was im Bedarfsfall ein schnelles Umrüsten gestattet. Mit diesen Vorrichtungen läßt sich eine Rundlaufgenauigkeit von weniger als 0,01 mm erreichen.

Die robusten Flachdorn-Spannkörper sind zur Innenaufnahme von Werkstücken mit kurzen Spannabsätzen bei großen Durchmessern geeignet. Durch Austausch des Flachkörpers (Bild 4.54) läßt sich die Aufnahme umrüsten. Bis 300 mm sind Rundlaufgenauigkeiten bis 0,1 mm, darüber hinaus bis 0,2 mm erzielbar. Die Wirkweise der Spannung ist aus Bild 4.55 ersichtlich. Die Spannkraft F verformt den Körper kegelig, dabei verkantet der Rechteckquerschnitt des Randes. Seine Innenkante stützt sich auf dem Dorn ab, wodurch sich der Außendurchmesser vergrößert, das Werkstück in der Bohrung zentriert und es schlagfrei gegen die Anlage schiebt.

Beim Flachfutter-Spannkörper ist die Wirkweise umgekehrt (Bild 4.56). Der Flachkörper ähnelt dem des Flachdorns (Bild 4.55) und ist ebenfalls auswechselbar. Konstruktive Ausführungen von Dorn und Futter zeigen die Bilder 4.57 und 4.58, beide für Kraftspanneinrichtungen.

Auch Korbfutter-Spannkörper arbeiten nach dem gleichen Prinzip. Der Spannkörper ist hier topfartig vertieft und kann daher längere Werkstücke aufnehmen. Eine konstruktive Ausführung zeigt Bild 4.59.

26

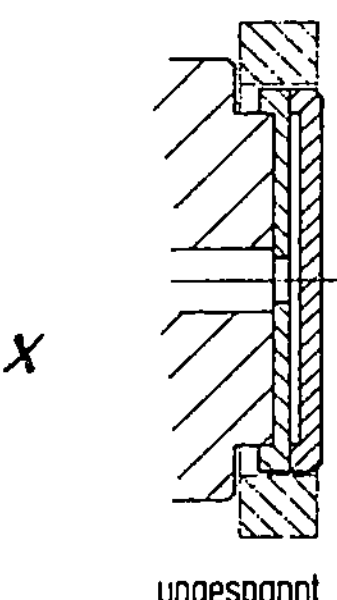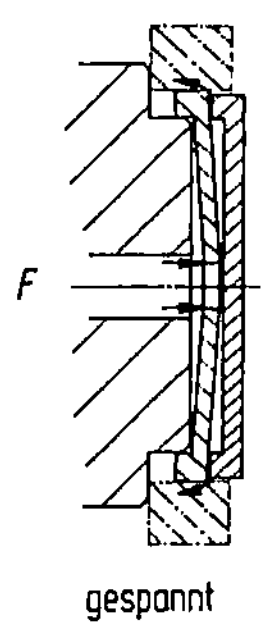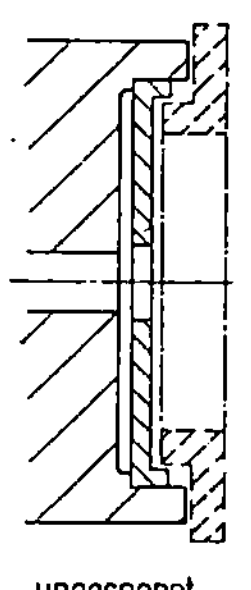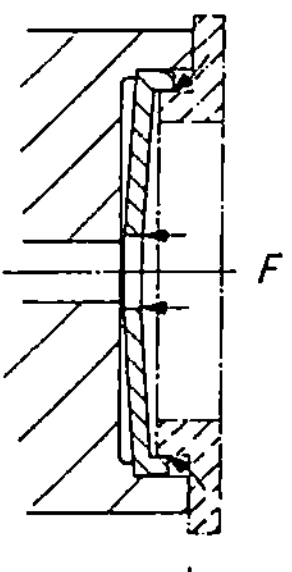

Bild 4.55. Schematische Darstellung der Wirkungsweise eines Flachdorn-Spannkörpers System RINGSPANN.

Bild 4.56. Schematische Darstellung der Wirkweise eines Flachfutter-Spannkörpers System RINGSPANN.

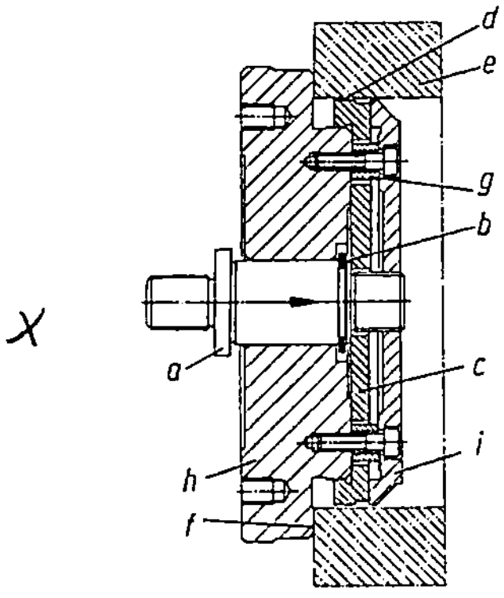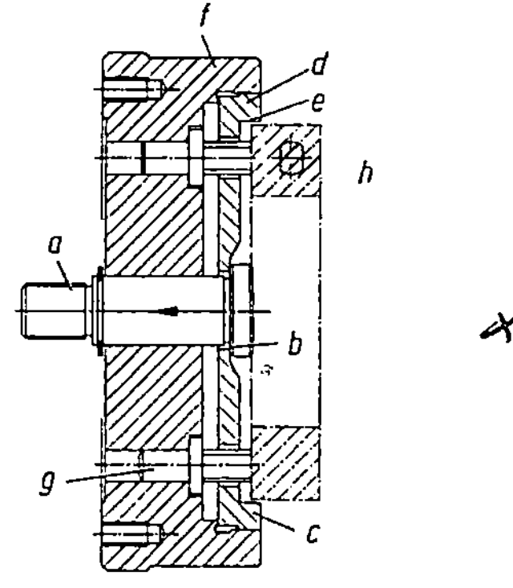

Bild 4.57. Flachspanndorn. *a* Druckbolzen mit Spannschulter *b*, *c* Spannkörper mit Außendurchmesser *d*, *e* Werkstück, *f* Schulter von Vorrichtung *h*, *g* Distanzstücke, *i* Haltescheibe.

Bild 4.58. Flachspannfutter. *a* Zugdorn mit Spannschulter *b*, *c* Spannkörper mit Rand *d* und Spanndurchmesser *e*, *f* Vorrichtungskörper, *g* Anlagebolzen, *h* Werkstück.

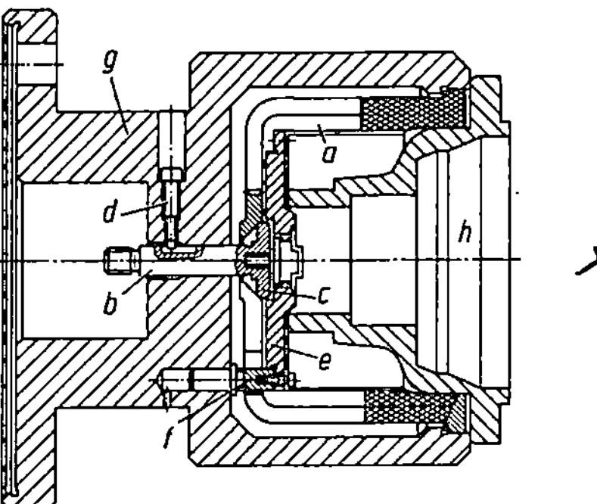

Bild 4.59. Sehr tiefes, kraftbetätigtes Korbspannfutter (System RINGSPANN). *a* Korbfutter-Spannkörper, *b* Zugbolzen mit Anschlagschulter *c*, durch Stift *d* am Verdrehen gehindert; *e* Anschlagscheibe, *f* vier Abstandsstifte, *g* Vorrichtungsgrundkörper, *h* Werkstück.

Membran-Spanndorne und -Futter arbeiten nach dem Prinzip einer ungeschlitzten, elastischen Membrane, die durchgebogen wird. Sie zeichnen sich aus durch hohe Zentriergenauigkeit bei geringem

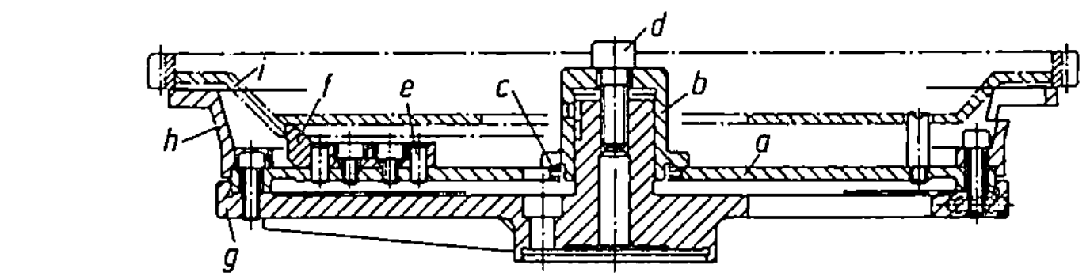

Bild 4.60. Handbetätigter Membran-Spanndorn als Wuchtaufnahme. *a* Membran, *b* Spannhaube mit Spannschulter *c*, *d* Spannschraube, *e* drei Spannpratzen auf *a* aufgesetzt, *f* Spannocken an *e*, *g* Haltescheibe, *h* Werkstückaufnahme, *i* Werkstück.

Eigengewicht, wodurch sie zur Aufnahme an Wuchtmaschinen besonders geeignet sind. Bild 4.60 zeigt eine konstruktive Ausführung, die handbetätigt durch Lösen der Spannschraube *d* das Werkstück von innen spannt.

Weitere Konstruktionsbeispiele von Vorrichtungen mit Spannkörpern und Membranen vgl. [6, Abschn. 3.3.8.1 bis 3.3.8.4].

4.1.1.7 Dehndorne und Dehnfutter. Bild 4.61 zeigt das als *Rollkupplung* bekannte Bauelement, mit dem eine sehr genaue Zentrierung erreicht werden kann. Zwischen dem Innenkegel des Kupplungsstücks *a* und dem Außenkegel des Spannkegels *b* liegt ein Rollenkäfig *c*, in dem die Rollen *d* leicht schräg zur Achse liegen. Diese Schräglage bewirkt bei Rechtsdrehung des Spannkegels *b* seine axiale Verschiebung nach links, wobei das Kupplungsstück *a* nach außen elastisch verformt und gleichzeitig gegen das Werkstück gepreßt wird. Lösen: Linksdrehung an *b*.

Weitere Konstruktionen zum Innen- und Außenspannen zylindrischer Werkstücke sind mit den Emuge Spannzeugen (Bauart Spieth) realisiert. Die Bilder 4.62 bis 4.64 zeigen derartige Systeme, bei denen die Spannhülsen durch axiale Verformung innerhalb ihres elastischen Bereichs die Werkstücke spannen. Für genaue Bearbeitungen wurden schließlich auch hydraulisch beaufschlagte Dehndorne Bild (4.65) gebaut. Auf dem Dorn *a* sitzt die Spannhülse *b* fest aufgepreßt. Durch Drehen am Rändel wird ein Druckkolben *d* in den Druckraum *e* hineinbewegt, wobei die unter Druck gesetzte Flüssigkeit die Wand der Spannhülse *b* annähernd gleichmäßig elastisch

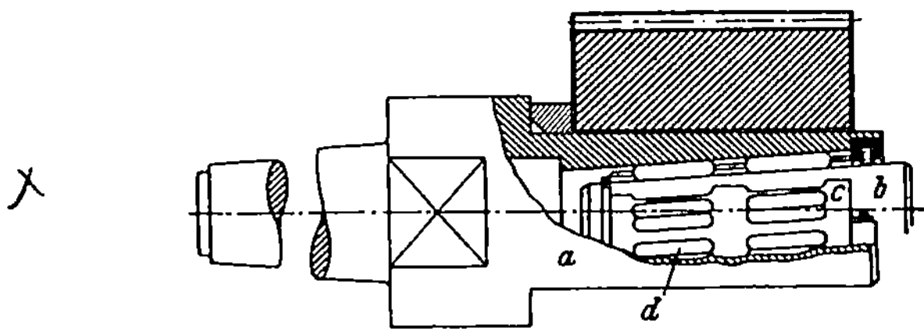

Bild 4.61. Mechanisch spannender Dehndorn (Bauart Stieber). *a* Kupplungsstück, *b* Spannkegel, *c* Rollenkäfig, *d* Rollen.

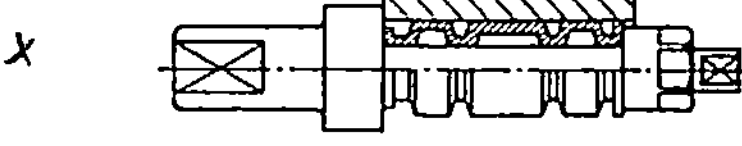

Bild 4.62. Spanndorn (System Emuge).

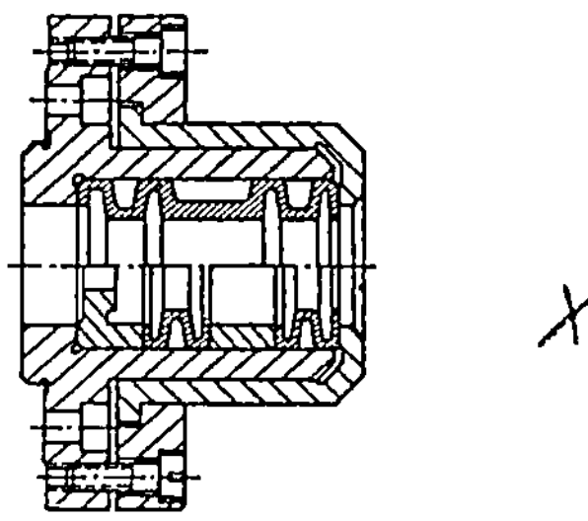

Bild 4.63. Spannfutter (System Emuge).

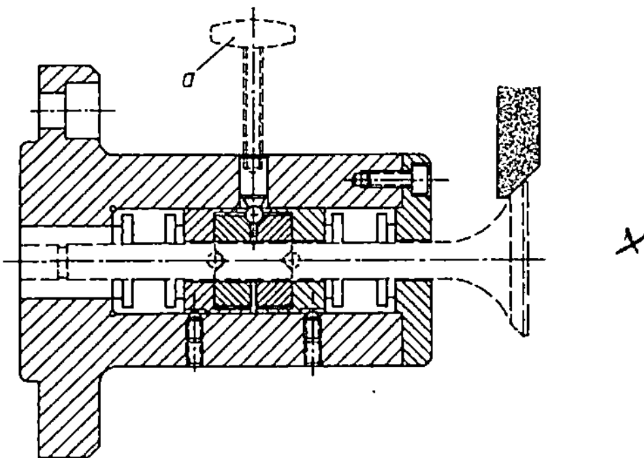

Bild 4.64. Flansch-Spannfutter (System Emuge) in Sonderausführung SP. *a* Spannschlüssel.

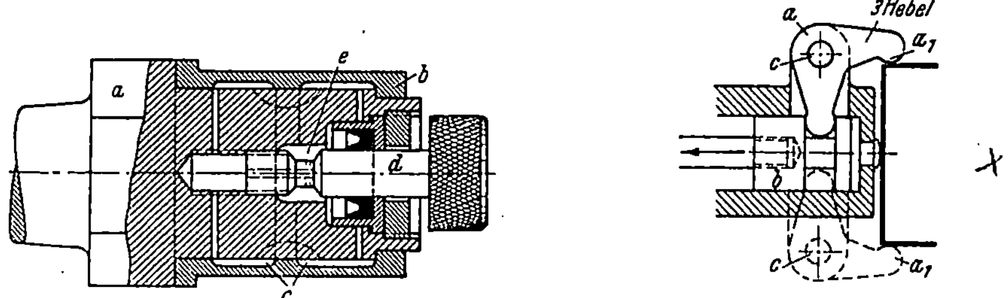

Bild 4.65. Hydraulisch spannender Dehndorn. *a* Dorn, *b* Spannhülse, *c* Druckkammern, *d* Druckkolben, *e* Druckraum mit Ölfüllung.

Bild 4.66. Zentrische Hebelspannung. *a* Hebel, *b* Spannschieber, *c* Zapfen, a_1 Hebelnasen.

aufweitet. Versuche zeigen, daß die aufgeschobenen Werkstücke infolge des Anliegens einer großen Fläche bei geringen spezifischen Drücken mit großen Bearbeitungsmomenten, ohne zu rutschen, beanspruchbar sind.

Die Zentriervorrichtungen mit lösbarem Preßsitz (Bilder 4.50 bis 4.52 und 4.62 bis 4.65) gestatten die verspannungsfreie Zentrierung auch dünnwandiger Werkstücke. Allerdings müssen dazu die Auf-

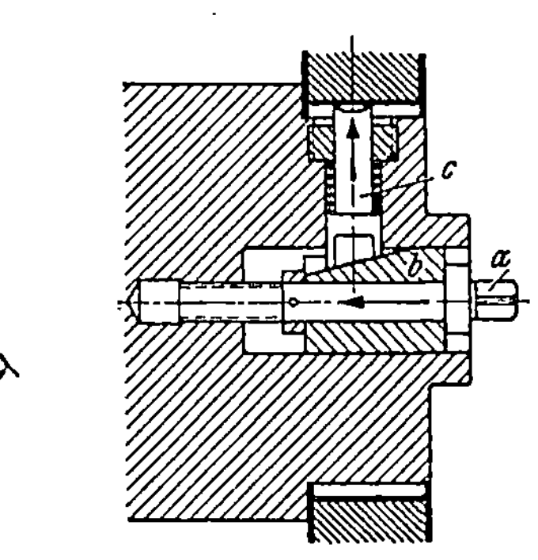

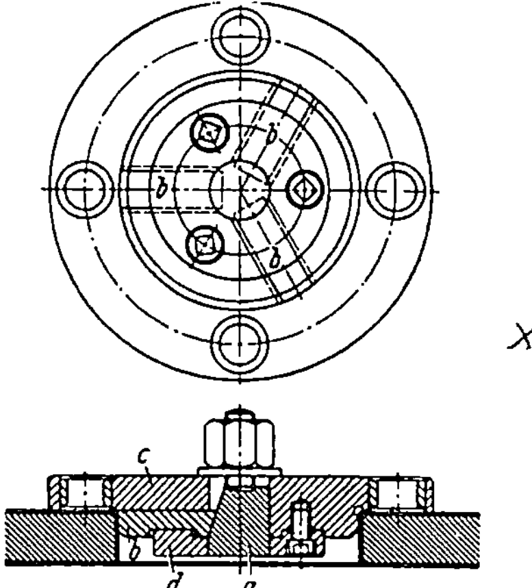

Bild 4.67. *a* Schraube, *b* Keilschieber, *c* Stößel.

Bild 4.68. *a* Keilschraube, *b* Spannleisten, *c* Bohrschablone, *d* Haltescheibe.

Bilder 4.67 und 4.68. Zentrische Keilschraubenspannungen.

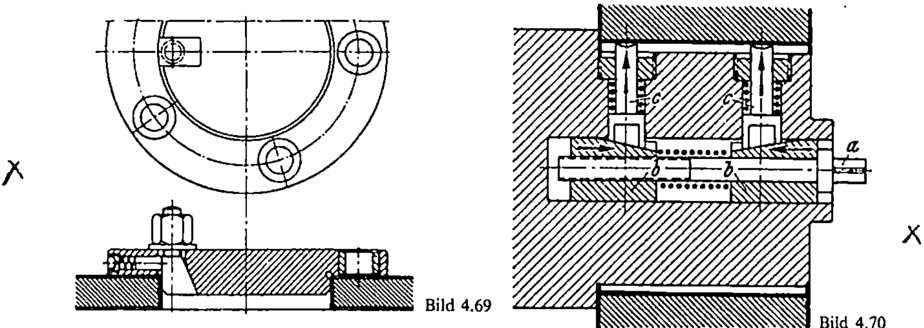

Bild 4.69

Bild 4.70

Bild 4.69. Zentrisches Aufspannen einer Bohrschablone durch Zentrieransatz und Keilschraube.

Bild 4.70. Zentrische Doppelkeil-Schraubenspannung. *a* Schraube, *b* Keilschieber, *c* Spannstößel.

nahmedurchmesser der Werkstücke bereits ausreichend genau ausgeführt sein. Auch das schnelle und einfache Lösen, ohne die Werkstücke losschlagen zu müssen, ist ein Vorteil dieser Vorrichtungen.

Für rohe Werkstücke bzw. solche mit großen Toleranzen aus der Vorbearbeitung, verwendet man die bekannten Universalspannfutter oder Konstruktionen gemäß den Bildern 4.66 bis 4.73. Bild 4.66 zeigt das Zentrieren durch drei Hebel a, die von einem Spannschieber b gleichzeitig bewegt werden und so das Werkstück in den Hebelnasen a_1 zentrisch festspannen. Der Spannschieber b kann durch Schraube und Druckluft betätigt werden. Bild 4.67 zeigt das Innenzentrieren durch drei Stößel. Ähnlich erfolgt die Befestigung der Bohrschablone in der Bohrung eines Werkstücks nach Bild 4.68. Für geringere Genauigkeitsansprüche genügt es, eine Zentrierschablone mittels Keilschraube festzuspannen (Bild 4.69). Weitere Beispiele

30

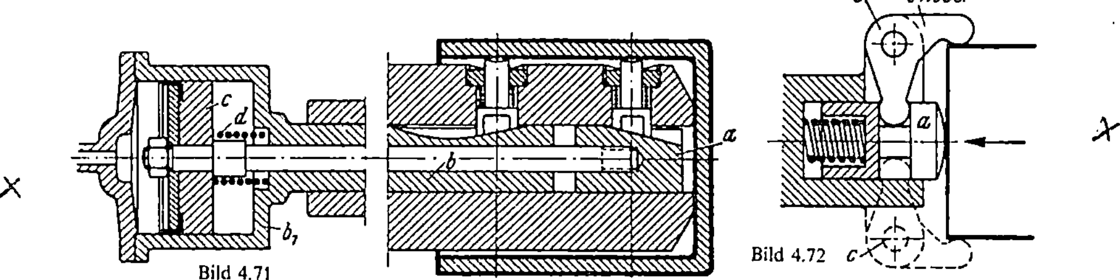

Bild 4.71. Zentrische Doppelkeil-Druckluftspannung. *a* und *b* Keilschieber b_1 Druckluftzylinder, *c* Druckluftkolben, *d* Gegenfeder.

Bild 4.72. Selbsttätige zentrische Hebelspannung. *a* Schieber, *b* Hebel, *c* Zapfen.

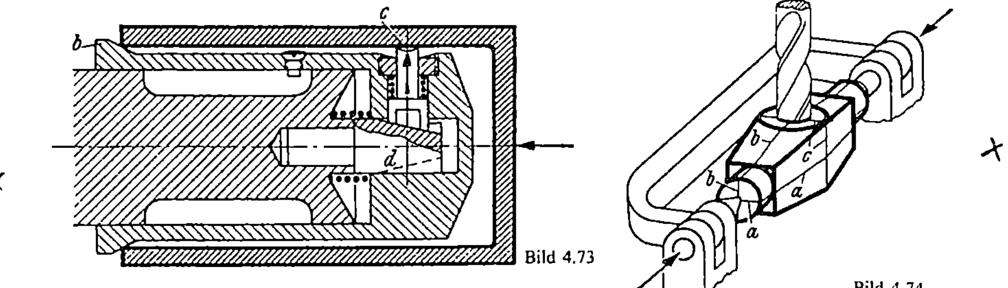

Bild 4.73. Selbsttätige zentrische Kegel- und Keilschraubenspannung. *b* Kegel, *c* Stößel, *d* Keilstück.

Bild 4.74. Vollzentrieren durch zwei gleichmäßig bewegte Zentrierspitzen. Prinzip.

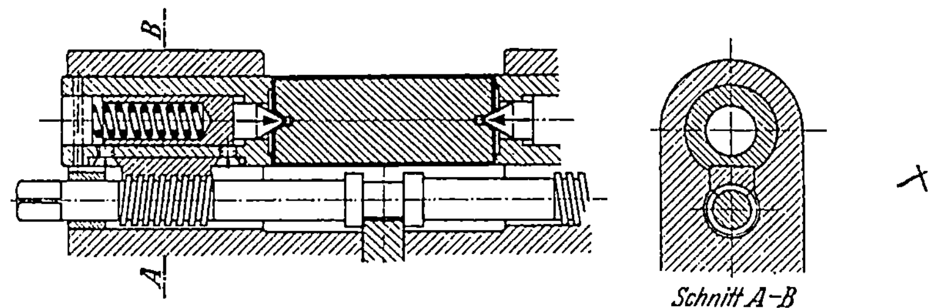

Bild 4.75. Vollzentrieren durch zwei Zentrierspitzen und zwei gleichmäßig bewegte Stößel.

zum Zentrieren und Spannen bringen die Bilder 4.70 bis 4.73. Man
beachte die selbsttätigen Einstellelemente bei 4.72 und 4.73, die mit
Rückstellfedern ausgestattet sind.

Das Prinzip des *Vollzentrierens* geht aus Bild 4.74 hervor: Ein
Werkstück muß vollzentriert werden, wenn quer zur Zentrierachse,
die durch die Mittelebenen *a-a, b-b* gebildet wird, ein Loch in der
Mittelebene *c-c* gebohrt werden muß. Die Lochwarzen werden mit
Bezug auf die Mittelebene *a-a* abgeflacht. Die konstruktive Lösung
einer Vollzentrierung zeigt Bild 4.75 Das zwischen zwei Spitzen aufgenommene Werkstück wird in der dritten Mittelebene durch eine
zentrische Spannung mit Hilfe von zwei Zentrierstößeln, in welchen
federnde Zentrierspitzen angeordnet sind, festgelegt.

4.1.2 Halbbestimmen – Bestimmen – Vollbestimmen

Die Festlegung eines Werkstücks bezüglich einer Ebene, d.h. *Halbbestimmung*, ist ausreichend, wenn z.B. parallel zur Bestimmebene eine Fläche zu bearbeiten ist. Meist reichen dafür handelsübliche Spannmittel aus. Wenn jedoch lange, zum Aufwerfen oder Schwingen neigende Teile gespannt werden müssen, werden diese meist auch in einer zweiten Ebene festgelegt. Bild 4.76 zeigt einen solchen Fall: Durch einseitige Spannung werden zwei Werkstücke gleichzeitig in der Bestimmebene *a-a* und den Bestimmebenen *d-d* festgelegt. Diese Ebenen *d-d* sind jedoch von der Werkstückdicke abhängig, d.h. eine genaue Bestimmung erfolgt nicht – es ist mehr nur eine Halbbestimmung. Ähnlich ist es im Fall nach Bild 4.77: Durch doppelseitige

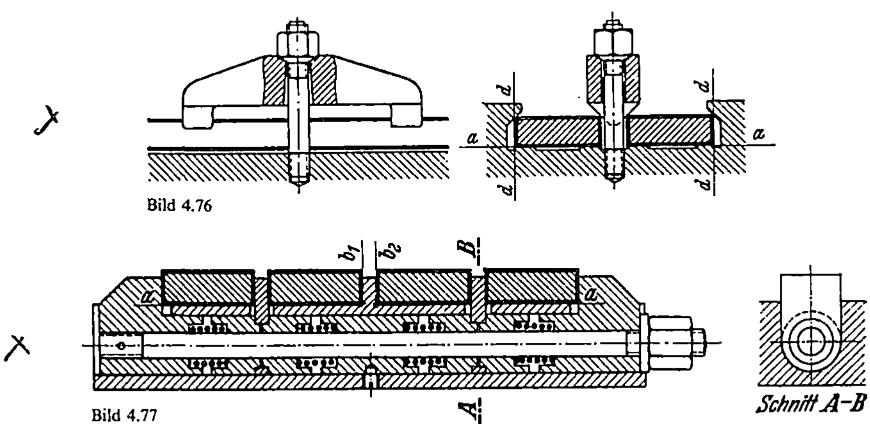

Bild 4.76

Bild 4.77

Bilder 4.76 und 4.77. Halbbestimmen in Mehrfach-Spannvorrichtungen.

Spannung werden vier Werkstücke gleichzeitig gespannt. Zwischen den Werkstücken sind Stege angeordnet, um den Fall des Abhebens (4.78) zu vermeiden. Obwohl es für die Bearbeitung nicht erforderlich ist, sind die beiden mittleren Werkstücke auch in der Ebene b_1, bzw. b_2 festgelegt.

Ein Werkstück muß *bestimmt* werden, wenn eine zu der ersten Bestimmebene geneigte Fläche zu bearbeiten ist. Bild 4.79 zeigt einen solchen Fall. Durch Einlassen in die Auflagefläche ist das Werkstück bestimmt. Mit zwei Druckleisten *c* wird es von den beiden Seiten gespannt, wobei die Spannkraft eine Komponente nach unten besitzt.

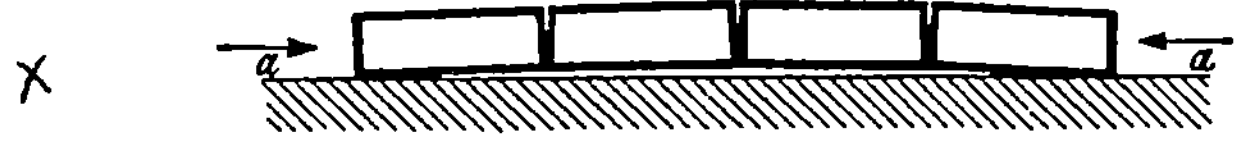

Bild 4.78. Übertriebene Darstellung ungenau halbbestimmter Werkstücke.

32

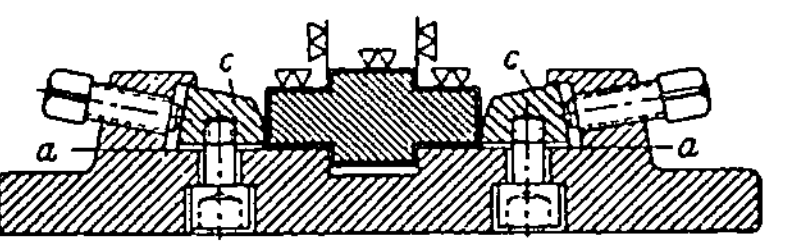

Bild 4.79. Durch Einlassen in Auflagefläche bestimmtes Werkstück.

Das gleichzeitige Bestimmen von zwei Werkstücken ist in den Bildern 4.80 bis 4.82 gezeigt, b_1 und b_2 sind die zwei Bestimmebenen. Der Doppelexzenter in Bild 4.82 mit abgeflachtem Lagerzapfen e ist leicht beweglich, so daß beide Werkstücke dieselbe Spannkraft erfahren.

Das Bestimmen von gleichzeitig vier Werkstücken durch zwei miteinander verbundene doppelseitige Spannungen zeigt Bild 4.83. Für alle vier Werkstücke ist a-a die gemeinsame Bestimmebene. Die weiteren Bestimmebenen sind b_1-b_1, b_2-b_2, b_3-b_3, und b_4-b_4, gegen die die einzelnen Werkstücke gespannt werden. Das geschieht durch die zwischen je zwei Werkstücken angeordneten Winkelhebel d und e, die an ihrem abgeflachten Ende bei d_1 und e_1 in der Pfeilrichtung gegen die Werkstücke drücken. Beide Winkelhebel werden beim Zuspannen gemeinsam betätigt. Über die Schraubenfläche d_2 und e_2 wird eine Abwärtskomponente erzeugt, die die Werkstücke gleichzeitig gegen die Unterlage drücken. Der Kraftausgleich jedes Hebels auf zwei Werkstücke wird dadurch erreicht, daß die Hebel etwas Spiel im Vorrichtungskörper haben.

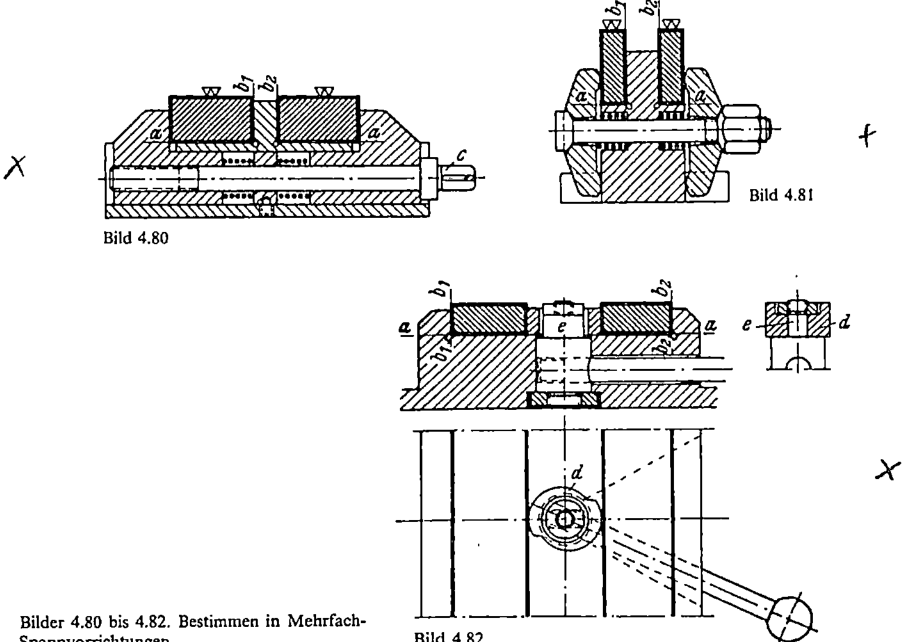

Bild 4.80

Bild 4.81

Bild 4.82

Bilder 4.80 bis 4.82. Bestimmen in Mehrfach-Spannvorrichtungen.

33

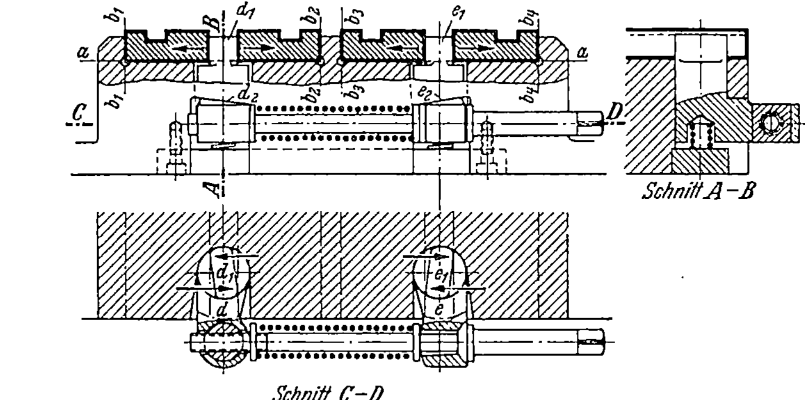

Bild 4.83. Bestimmen von vier Werkstücken in Mehrfach-Spannvorrichtung.

Aus Bild 4.84 ist die Bestimmung eines Werkstücks in zwei seiner Bohrungen ersichtlich. Der eine Zapfen ist dabei abgeflacht, damit die zwischen den beiden Bohrungen bestehenden Toleranzen aufgefangen werden können. Auch sind die Bolzen kurz ausgeführt, um eine Schieflage des Werkstücks auf der Auflagefläche zu vermeiden.

Einen Schnellfixierdorn, zur gleichzeitigen Lagebestimmung für zwei Werkstücke, z.B. für das Feindrehen oder Feinschleifen von Pleuelbohrungen, zeigt Bild 4.85. Beim Niederdrücken des Stößels a gibt der Druckbolzen c den Einlegeweg frei. Vorteilhaft hierbei ist, daß in Sperrstellung des Bolzens die axiale Verschiebbarkeit erhalten bleibt und damit beim Spannen keine Verformung entstehen kann. Weitere Vorteile sind rasche Bedienbarkeit und Narrensicherheit.

Vollbestimmung hat zu erfolgen, wenn ein Werkstück mit Bezug auf drei Flächen bearbeitet werden soll, die zueinander geneigt sind. Dies trifft i. allg. nur bei Bohrspannvorrichtungen zu.

Bohrschablonen können auf Werkstücken dadurch vollbestimmt werden, daß die auf ihnen vorhandenen Markierungen (z.B. Mittenkreuze) mit Anrißlinien des Werkstücks in Deckung gebracht werden (Bild 4.86). Mittelmarkierungen, wie sie an Bohrschablonen angebracht werden können, zeigen die Bilder 4.87 bis 4.89. In Form der Kerben am Umfang sind sie zwar am billigsten, doch auch am leichtesten zu beschädigen. Bild 4.90 zeigt die Vollbestimmung einer Bohrschablone (Auflagefläche, Anschlagfläche, Marke).

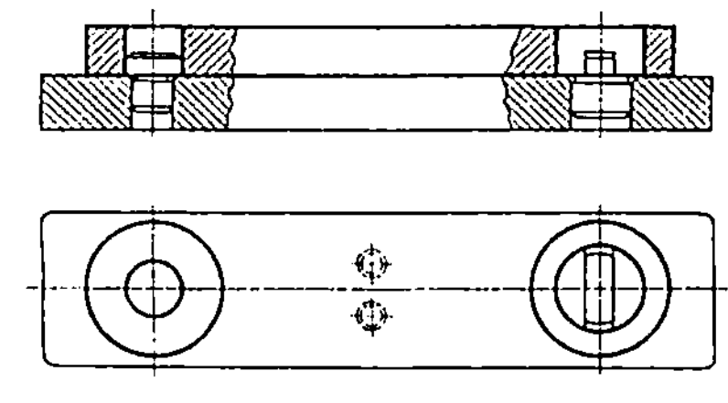

Bild 4.84. Bestimmen eines Werkstücks durch Aufnahme in zwei Bohrungen. Ein abgeflachter Bolzen in rechter Bohrung.

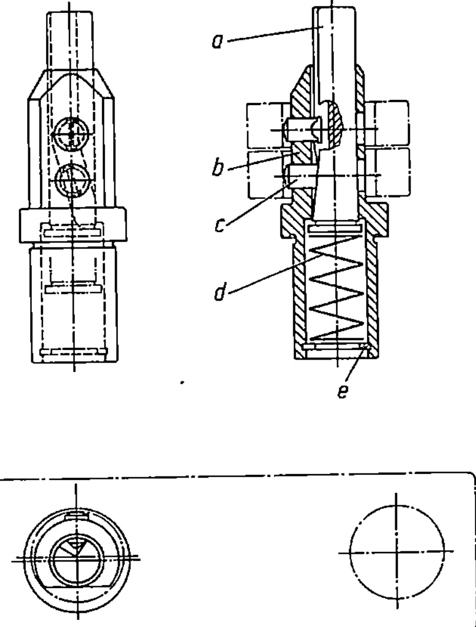

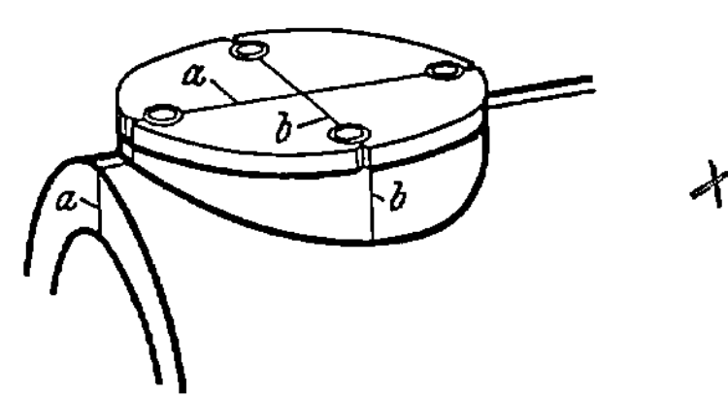

Bild 4.85. Lagebestimmender Schnellfixierdorn für zwei Werkstücke. *a* Druckstößel, *b* Dorn, *c* Druckbolzen, *d* Druckfeder, *e* Sicherungsring.

Bild 4.86. Durch Rißmarkierungen vollbestimmte Bohrschablone. *a* und *b* Mittelrisse.

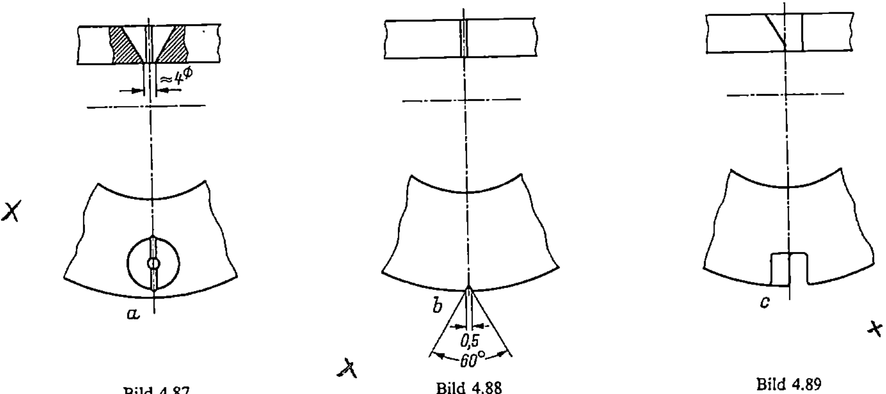

Bild 4.87

Bild 4.88

Bild 4.89

Bilder 4.87 bis 4.89. Mittelrißmarken an Bohrschablonen [5].

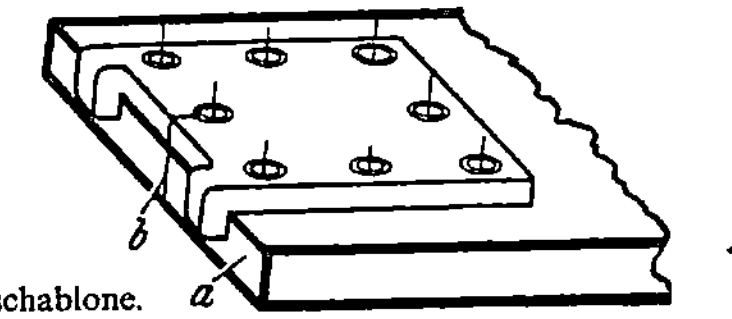

Bild 4.90. Durch Anschlag *a* und Mittelriß *b* vollbestimmte Bohrschablone.

4.1.3 Kombinationen von Bestimmen und Zentrieren

In den meisten Fällen wird beim Zentrieren ein Werkstück auch mehr oder weniger bestimmt. Die Bestimmung kann sowohl eine Richtung- als auch eine Entfernungbestimmung oder beides zugleich sein (Bild 4.91). Das gilt für alle Arten des Zentrierens. Vollzentrieren ist zugleich Vollbestimmen.

Bild 4.92 läßt ein Werkstück erkennen, das durch ein geradegeführtes Spannprisma halbzentriert wird. Das Festlegen der Mittelebene *a-a* ist aber nur möglich, wenn das Werkstück auf den Punkten *e* und *d* richtungbestimmt wird. Bild 4.93 stellt dar, wie man ein derartiges Werkstück keinesfalls auflegen darf. Bild 4.94 zeigt einen abgeflachten Rundkörper, der durch eine prismatische Unterlage halbzentriert und durch das federnde Druckstück *d* mit der in der Höhe veränderlichen Bestimmebene *b-b* richtungbestimmt wird. Bei der auf Bild 4.95 dargestellten einfacheren Version werden Toleranzen des Werkstücks nicht beachtet. Das Werkstück hat aber immer Toleranzen, d.h. es ist entweder genau halbzentriert oder genau in der Ebene *b-b* richtungbestimmt. Beides zugleich wäre Zufall.

Die Darstellung in Bild 4.96 veranschaulicht die Halbzentrierung eines rechteckigen Werkstücks durch ein geradegeführtes Spannprisma, welches zusätzlich durch Auflage auf *a-a* richtungbestimmt ist. Bild 4.97 zeigt dasselbe Problem, gelöst mit einem als Spann-

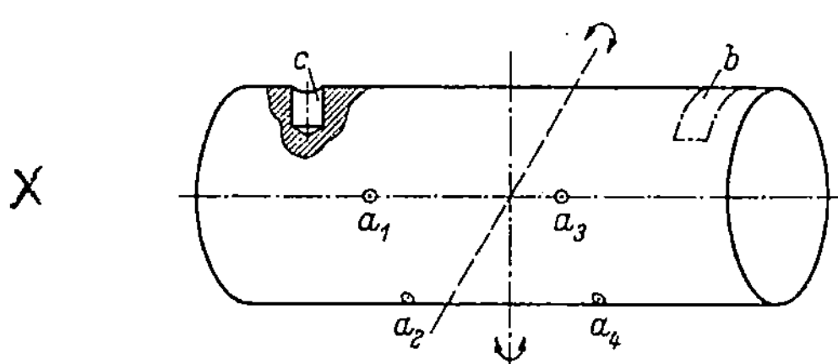

Bild 4.91. Halbzentrieren eines Rundkörpers durch Festlegung von vier Freiheitsgraden in einem langen Prisma. a_1 bis a_4 gebundene Punkte (falls beim Einfräsen der Nut *b* eine bestimmte Entfernung zum Loch *c* eingehalten werden muß, muß auch noch entfernung- und richtungbestimmt werden).

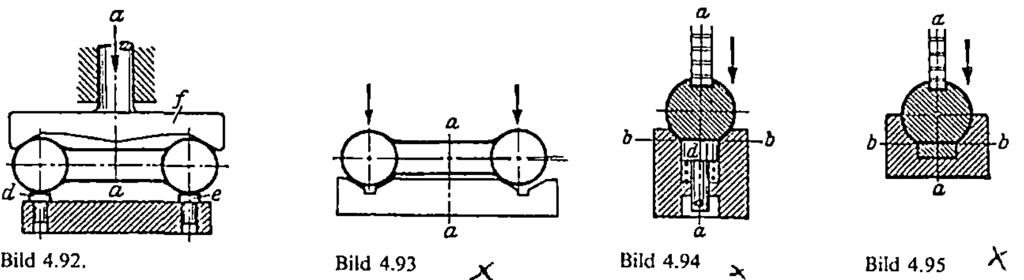

Bild 4.92.   Bild 4.93   Bild 4.94   Bild 4.95

Bild 4.92. Halbzentriertes Werkstück. *f* gerade geführtes Spannprisma.

Bild 4.93. Überbestimmtes Werkstück.

Bild 4.94. Halbbestimmtes und richtungbestimmtes Werkstück. *d* federndes Druckstück.

Bild 4.95. Überbestimmtes Werkstück.

36

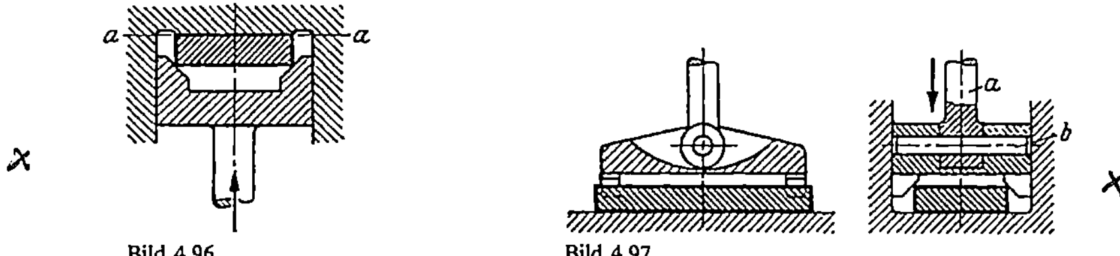

Bild 4.96   Bild 4.97

Bilder 4.96 und 4.97. Halbzentrierte, richtung- und entfernungbestimmte Flachkörper.

prisma ausgebildeten Kraftverteiler. Mit der Anordnung gemäß Bild 4.98 wird die waagerechte Mittelebene *b-b* des runden Auges durch ein Prisma festgelegt. Weiter soll die Entfernung der waagerechten Fläche *d-d* bestimmt werden, damit beim Bearbeiten der Fläche *e* das Maß *g* eingehalten wird und die Wand die richtige Stärke *f* erhält. Dies wird hier durch Auflage auf dem festen Punkt *h* erreicht. Nachdem an diesem Werkstück die obere Fläche bearbeitet wurde, soll in einer zweiten Vorrichtung das runde Auge gebohrt werden. Dies erfolgt nach Bild 4.99 indem auf *e-e* und die Mittelebene *a-a* des Auges Bezug genommen wird. Zum Ausgleich von Ungenauigkeiten am Auge ist das Prisma federnd angeordnet. Der Pfeil zeigt die Spannrichtung an. Die zum Werkstück Bild 4.100 gehörigen Vorrichtungen zum Bohren der Löcher *f* und *g* mit Bezug auf den Schlitz und genau durch die Achse laufend, sind auf den Bildern 4.101 und 4.102 dargestellt. Es ist entweder eine Zentrierung mit Richtungbestimmung für den Schlitz erforderlich oder eine Halbzentrierung und Richtungbestimmung in zwei voneinander

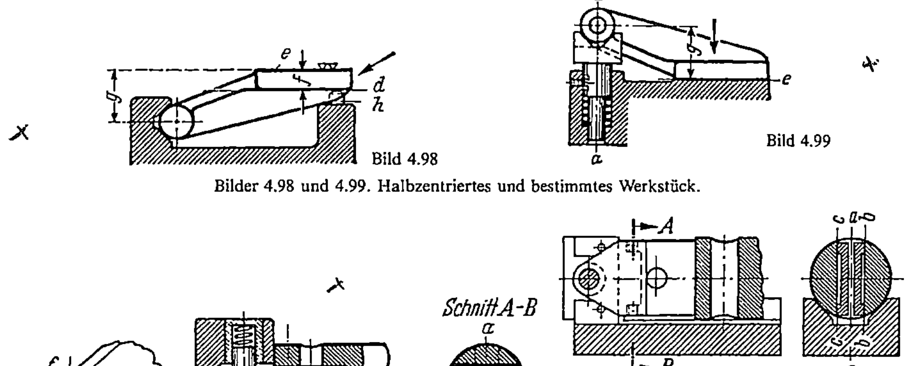

Bild 4.98   Bild 4.99

Bilder 4.98 und 4.99. Halbzentriertes und bestimmtes Werkstück.

Bild 4.100   Bild 4.101   Bild 4.102

Bild 4.100. Werkstück zu Bilder 4.101 und 4.102.

Bilder 4.101 und 4.102. Halbzentrierte, richtung- und entfernungbestimmte Aufnahme des Werkstücks Bild 4.100 zum Bohren der Löcher *f* und *g* in zwei Vorrichtungen.

37

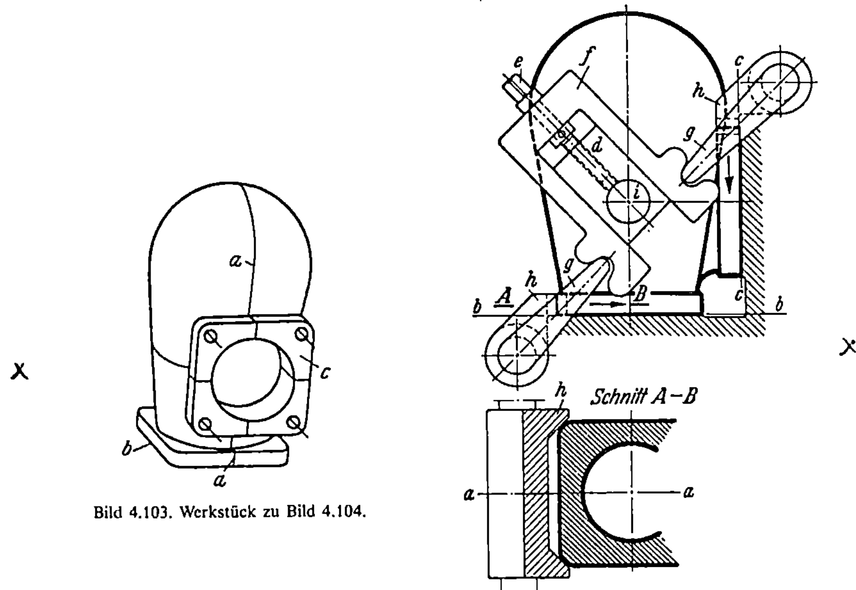

Bild 4.103. Werkstück zu Bild 4.104.

Bild 4.104. Halbzentrierte und bestimmte Aufnahme des Werkstücks nach Bild 4.103. *d* Schraubenstein, *e* Schraube, *f* Spanngabel, *g* Hebel, *h* prismatischer Spannhebel, *i* Zapfen.

getrennten Aufspannungen. Die letzte Lösung ist dargestellt. Bild 4.101 zeigt zunächst die Aufnahme für das Bohren des Loches rechtwinklig zum Schlitz. Durch das Prisma erfolgt die Halbzentrierung des Werkstücks und durch das federnde Druckstück *c* die Richtungbestimmung in der Ebene *b-b*. Die Aufnahme zum Bohren des zweiten Lochs zeigt Bild 4.102. Halbzentrierung wieder mittels Prisma und Richtungbestimmung durch die beiden Druckstücke *d* und *e* die sich mit gleicher Kraft gegen die Schlitzwände *b-b* und *c-c* legen.

Das Werkstück nach Bild 4.103 soll in einer Spannvorrichtung nach der Mittelebene *a-a* halbzentriert und an den Flächen *c* und *b* bestimmt werden. Durch die Hebelanordnung nach Bild 4.104 werden die beiden Hebel *h* von einer Schraube *e* bewegt. Sie drücken dabei mit ihren prismatischen Einschnitten gegen die viereckigen Flansche des Werkstücks in Pfeilrichtung und legen zugleich die Mittelebene *a-a* fest. Die Spanngabel *f* stützt sich über den Drehpunkt *i* (Schwenkachse der Bohrvorrichtung) und den Schraubenstein *d* an den Hebeln *g* ab, die mit *h* fest verbunden sind.

Bild 4.105 läßt einen in der Mittelebene *a-a* durch ein gerade geführtes prismatisches Druckstück zentrierten und in der Richtung bestimmten Kolben erkennen. Die Mittelebene *b-b* wird durch die zwei eingeführten Paßbolzen bestimmt, die zugleich auch die Rich-

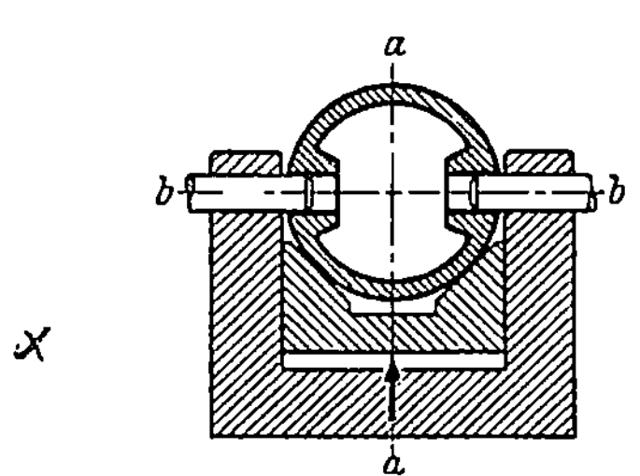

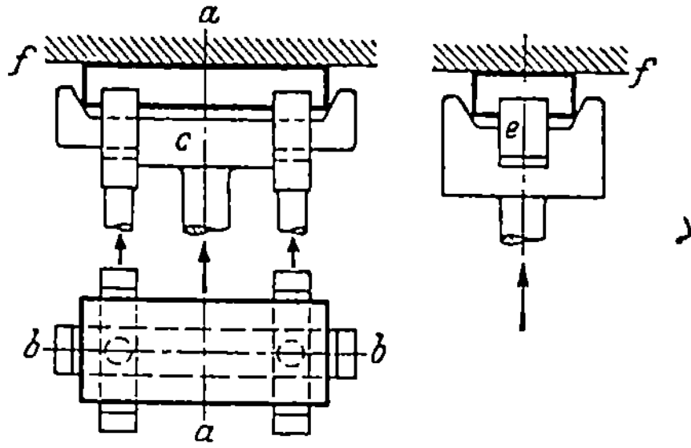

Bild 4.105. Zentrierter und richtungbestimmter Kolben.

Bild 4.106. Rechteckiger Flachkörper., zentriert und richtungbestimmt. *e* Druckprisma zur Zentrierung in der Ebene *a-a*.

tung der Kolbenbolzenbohrung bestimmen. Bild 4.106 zeigt eine prinzipielle Möglichkeit für das Zentrieren langer rechteckiger Werkstücke durch drei unabhängig voneinander arbeitende, gerade geführte Prismen unter Bestimmung der Richtung durch Anlage in der Ebene *f-f*.

In Bild 4.107 ist ein Radkörper zentriert, der in der Ebene *a-a* durch Auflage auf drei Punkten bestimmt wird. Die Zentrierung erfolgt durch den federnden Innenkegel *b* der vor Auflage auf den Punkten der Bestimmebene wirksam ist. In Bild 4.108 wird gezeigt,

Bild 4.107. Zentrierter, richtung- und entfernungbestimmter Radkörper. *b* federnder Innenkegel.

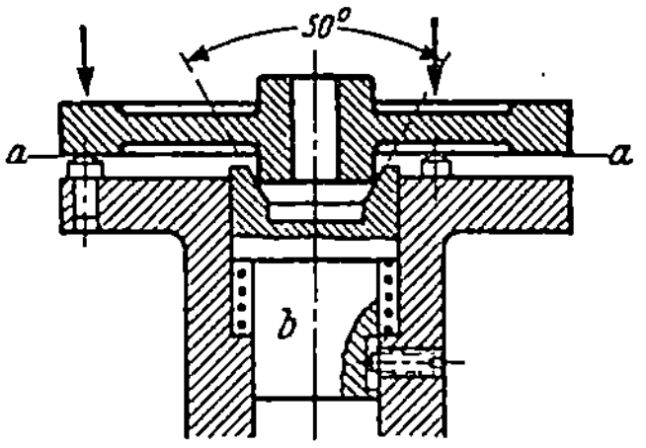

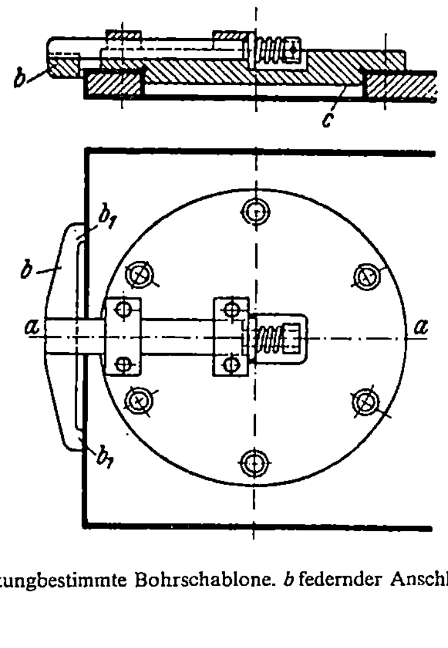

Bild 4.108. Zentrierte und richtungbestimmte Bohrschablone. *b* federnder Anschlag, *c* Zentrieransatz.

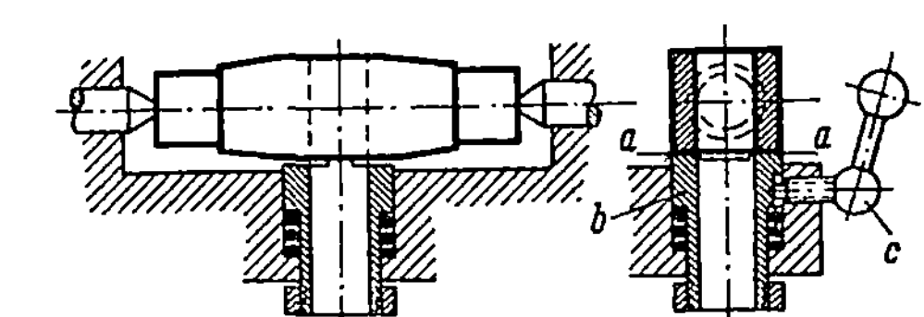

Bild 4.109. *b* federndes Druckstück, *c* Griffschraube.

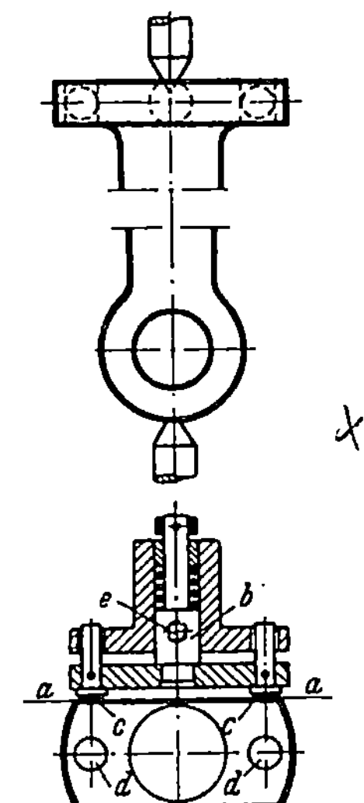

Bild 4.110. *b* federndes Druckstück, *c* Kuppenstützen, *e* Griffschraube.

Bilder 4.109 und 4.110. Zentrierte und richtungbestimmte Werkstücke.

wie eine Bohrschablone im Werkstück zentriert und durch den federnden Anschlag *b* der sich mit Nasen b_1 gegen das Werkstück legt, richtungbestimmt wird. Auch die Mittelebene *a-a* erhält damit die vorgeschriebene Richtung zum Werkstück.

Das Bild 4.109 stellt ein zwischen zwei Spitzen aufgenommenes Werkstück dar. Die Richtung der Fläche *a-a* wird durch das federnde Druckstück *b* bestimmt. Zur Lagesicherung des Druckstücks während der Bearbeitung dient die Griffschraube *c*. Die Darstellung 4.110 läßt eine zwischen zwei Zentrierspitzen aufgenommene Schubstange erkennen, deren Löcher *d* gebohrt werden sollen. Durch das Federdruckstück *b* wird mit den beiden Kuppenstützen *c-c* die Richtung der Fläche *a-a* bestimmt. Zum Feststellen während des Bohrens ist eine Griffschraube bei *e* vorgesehen. In Bild 4.111 ist ein Rundkörper durch zwei Zentrierspitzen aufgenommen und durch Anschlag an der Ebene *a-a* bestimmt.

Der Stangenkopf nach Bild 4.112 soll gebohrt werden und muß zu diesem Zweck nach den Mittelebenen *a-a* und *b-b* zentriert , sowie auf der Fläche *c* bestimmt werden. Die Lösung nach Bild 4.113

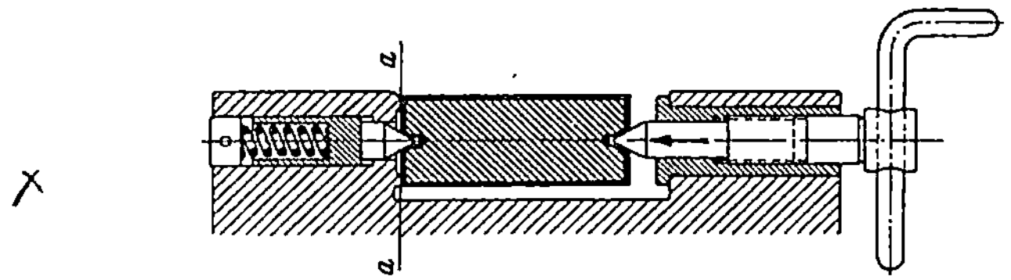

Bild 4.111. Zentriertes und richtungbestimmtes Werkstück.

40

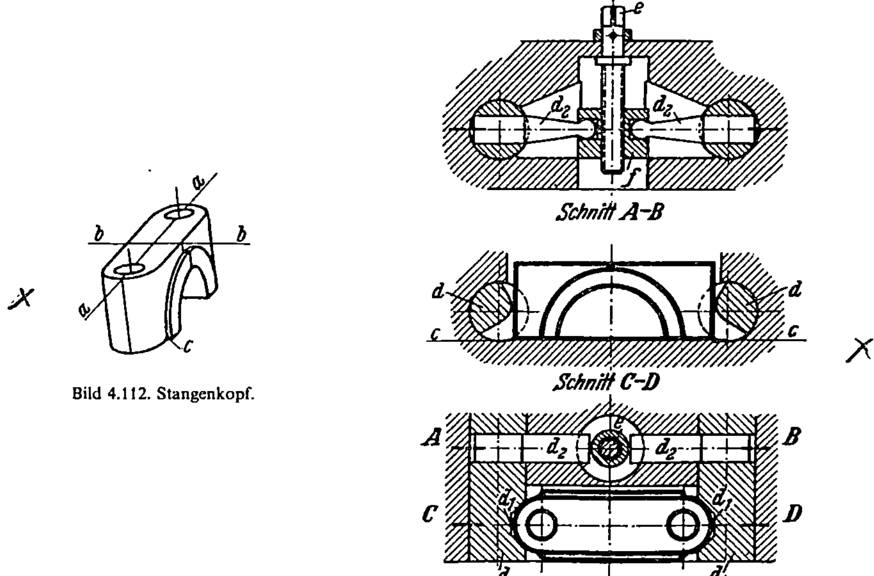

Bild 4.112. Stangenkopf.

Bild 4.113. Werkstück von Bild 4.112 zentriert und bestimmt. d Bolzen, bei d_1 exzentrisch und prismatisch vertieft, d_2 Hebel an den Bolzen, e Schraube, f Spannschieber.

arbeitet wie folgt: Die Mittelebene a-a wird dadurch festgelegt, daß die das Werkstück spannenden Bolzen d bei d_1 prismatisch und exzentrisch vertieft sind. Die Mittelebene b-b wird dadurch festgelegt, daß die Spannbolzen d durch die Schraube e gegeneinander gedreht werden und dadurch das Werkstück fest auf die Fläche c drücken. Der Schieber f ist gerade geführt.

Bild 4.114 läßt die Zentrierung eines quadratischen Flansches mit Zylinder erkennen. In den Flansch sind Löcher zu bohren, die auf den Diagonalen liegen. Die Zentrierung erfolgt von unten durch drei Knaggen, die Teile eines Innenkegels sind. Die vier oberen Knaggen haben ebene schräge Flächen mit bestimmten Richtungen, so daß die Richtung der Diagonalen bestimmt wird. Die Wirkweise dieser oberen Knaggen geht detailliert aus Bild 4.115 hervor: Es stehen sich je zwei zueinandergeneigte Flächen der Knaggenpaare c-c und d-d diagonal gegenüber, die wie ein Innenkegel das Werkstück zunächst zentrieren. Dadurch, daß die Knaggen nicht rechtwinklig zur Diagonale, sondern um $\sim 15°$ verdreht liegen, (d-d nach links, c-c nach rechts), wird das Werkstück in den Knaggen nicht nur zentriert, sondern auch so bestimmt, daß die Diagonale weder nach links noch nach rechts ausweichen kann. Wird die Verdrehung größer als $15°$, so kann wohl genauer bestimmt, dafür aber nur ungenauer zentriert werden. Die Richtung und Entfernung der Fläche f-f wird durch Anlage des Werkstücks bestimmt.

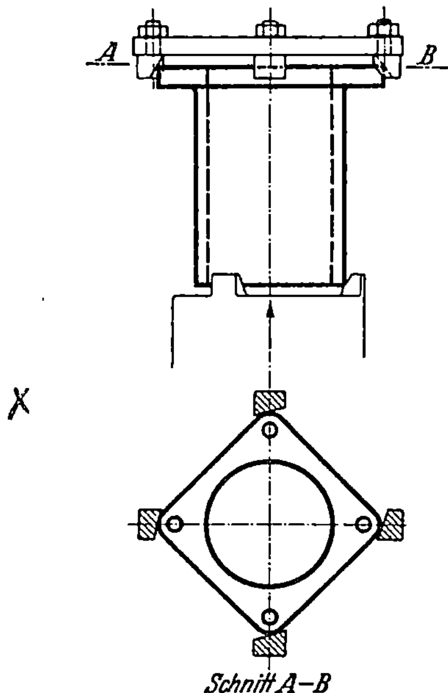

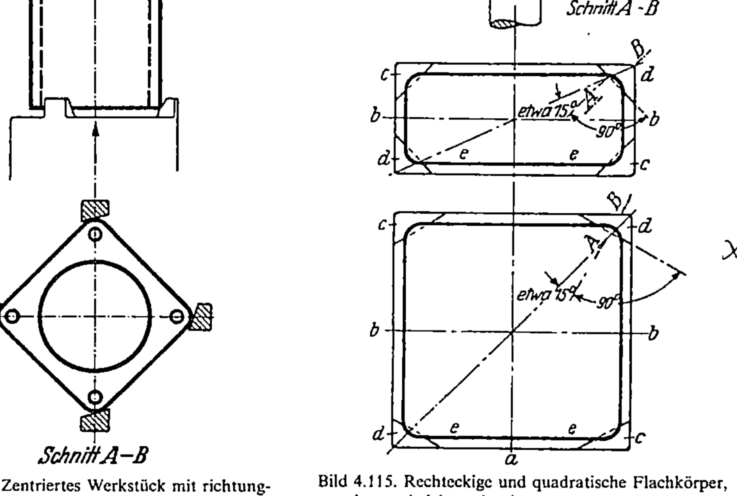

Bild 4.114. Zentriertes Werkstück mit richtungbestimmtem quadratischem Flansch.

Bild 4.115. Rechteckige und quadratische Flachkörper, zentriert und richtungbestimmt.

Bild 4.116 zeigt die Zentrierung und Bestimmung einer runden Scheibe durch eine zentrische Spannung. Der Kolben b drückt drei Spannhebel c bei c_1 nach unten, so daß sich ihre Nasen c_2 gegen das Werkstück legen, es zentrieren und auf die Bestimmebene a-a drükken. Durch den Kolben d wird entspannt.

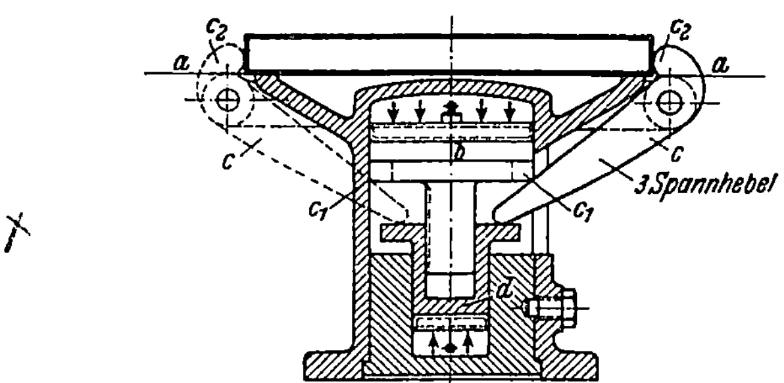

Bild 4.116. Zentrierte und bestimmte runde Scheibe. b Druckluftkolben, c Spannhebel, c_1 Angriffspunkte des Kolbens, d Druckluftkolben zum Lösen.

4.2 Spannen

Beim Spannen erfolgt die Betätigung durch Zufuhr von Energie mittels manuell, pneumatisch, hydraulisch oder elektrisch angetriebener Spannorgane. Dabei wird die zugeführte Energie teilweise als Formänderungsenergie im Spannsystem und im Werkstück gespei-

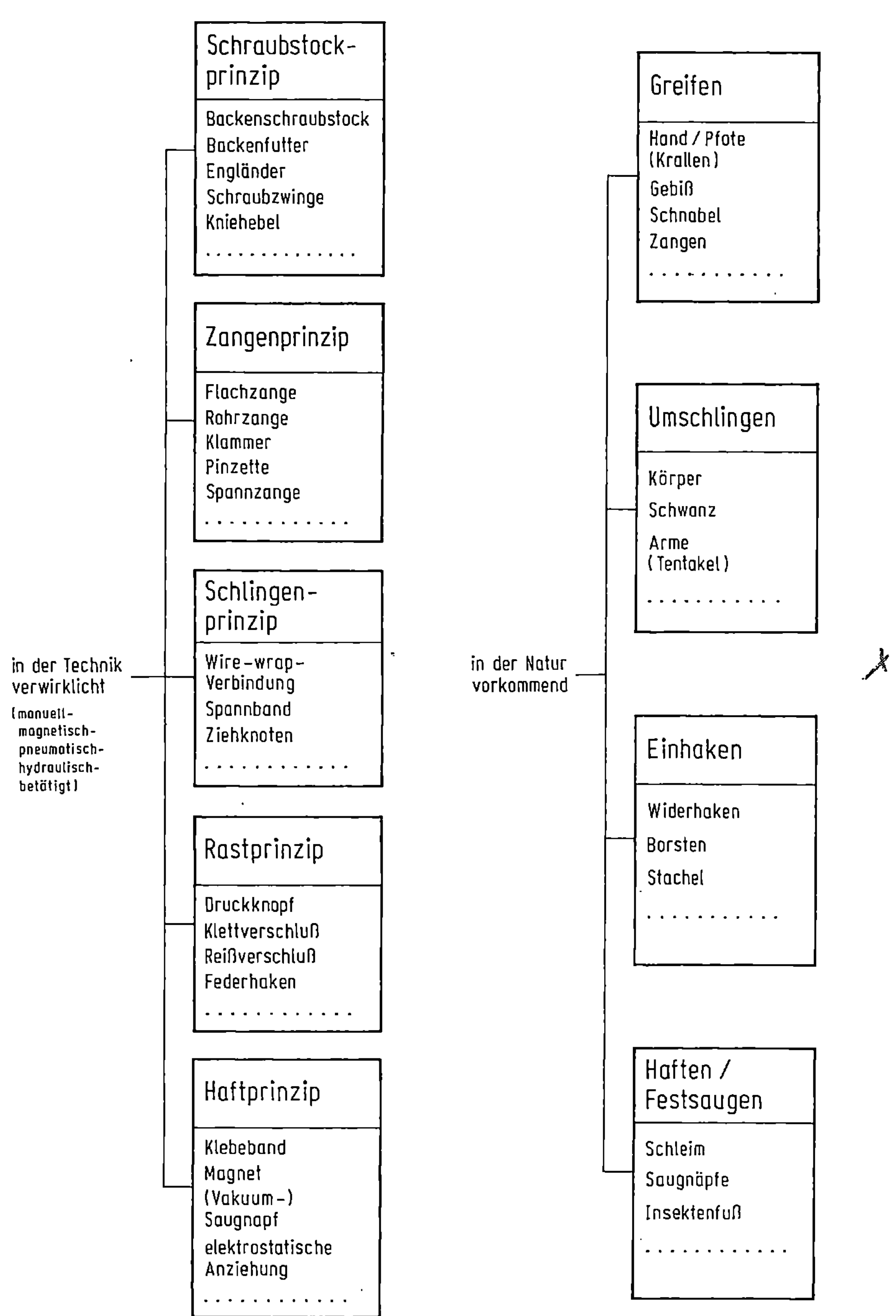

Bild 4.117. Physikalische Effekte zum Halten und Spannen.

chert. Wie viele konstruktive Ausführungsformen von Spannorganen zeigen, werden die Bestimmorgane ganz oder teilweise als Spannorgane mitbenutzt (vgl. Abschn. 4.1). Der Bestimmvorgang ist in diesen Fällen zeitlich gerade beendet, wenn der Spannvorgang beginnt, d.h. Bestimmen und Spannen fallen zeitlich fast zusammen.

Für das Spannen kommen die unterschiedlichsten physikalischen Effekte zur Anwendung, wobei auch die natürlichen Vorbilder wie z.B. Umschlingen, Festsaugen u.ä. herangezogen werden (Bild 4.117). Der Spannvorgang soll aus wirtschaftlichen Gründen schnell erfolgen können, was zu ganz bestimmten Vorrichtungsausprägungen führt (Klappdeckel, Riegel, verstellbare Anschläge). Verbunden mit dem Spannen ist immer die Weiterleitung des Spannkraftflusses in der Vorrichtung zu sehen, der u.U. an mehrere Stellen des Werkstücks geführt werden muß.

Einige Gestaltungsregeln zum Spannen (vgl. auch Abschn. 5.1) (keine Regel ohne Ausnahme sehen!):

- Erforderliche Spannkräfte durch Überschlagsrechnungen ermitteln,
- Spannstellen am Werkstück so legen, daß Bearbeitung ohne Umspannen bzw. mit möglichst wenig Umspannungen erfolgen kann,
- Spannkräfte sollen Werkstücke möglichst wenig deformieren und nicht markieren,
- Spannkraftfluß aus den Werkstückzonen der kritischen Toleranzen heraushalten,
- beim Spannen an eventuelle Temperaturänderungen (und damit Längenänderungen!) des Werkstücks infolge Bearbeitung denken (starre Spannung – elastische Spannung).

4.2.1 Spannarten

Je nach Werkstück und Bearbeitungsvorgang, der mit der Vorrichtung durchgeführt werden soll, sind unterschiedliche Spannarten in Betracht zu ziehen. An einfachen geometrisch-funktionalen Skizzen für die Kraftrichtungen seine vier Möglichkeiten erläutert, wie der *Spannkraftfluß* geleitet werden kann.

- Einseitige Spannung:
  Sie wirkt unmittelbar oder über Kraftverteiler auf das Werkstück oder ein Werkstückpaket (Bild 4.118). Sie wirkt durch Kraftverteiler teils auf ein Werkstück oder Werkstückpaket, teils auf Vorrichtungsbauteile (Bild 4.119), und sie wirkt durch Kraftverteiler auf zwei oder mehr Werkstücke oder Werkstückpakete (Bilder 4.120 und 4.121).
- Doppelseitige Spannung:
  Sie wirkt unmittelbar oder durch Kraftverteiler auf zwei Werkstücke oder Werkstückpakete (Bilder 4.122 bis 4.125).

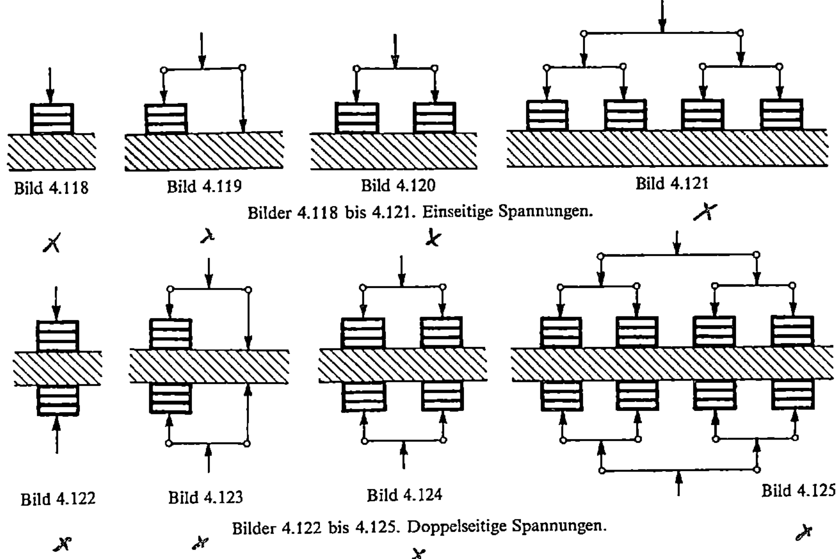

Bild 4.118   Bild 4.119   Bild 4.120   Bild 4.121

Bilder 4.118 bis 4.121. Einseitige Spannungen.

Bild 4.122   Bild 4.123   Bild 4.124   Bild 4.125

Bilder 4.122 bis 4.125. Doppelseitige Spannungen.

- Zentrische Spannung:
  Sie wirkt, wie die Bilder 4.126 bis 4.129 zeigen, über zwei oder mehrere gleichmäßig bewegte Zwischenorgane auf das Werkstück bzw. über das Werkstück auf eine Unterlage (Bild 4.130).
- Zentrische Doppelspannung:
  Von einem Spannelement wird unabhängig voneinander wirkend nach zwei Stellen zentrisch so gespannt, daß die Spannkräfte auf beiden Spannstellen gleich groß sind oder in einem bestimmten Verhältnis stehen (Bild 4.131).

Man spannt auch durch das Eigengewicht des Werkstücks bzw. durch Kraftkomponenten der Bearbeitungskraft (Bilder 4.132 und 4.133).

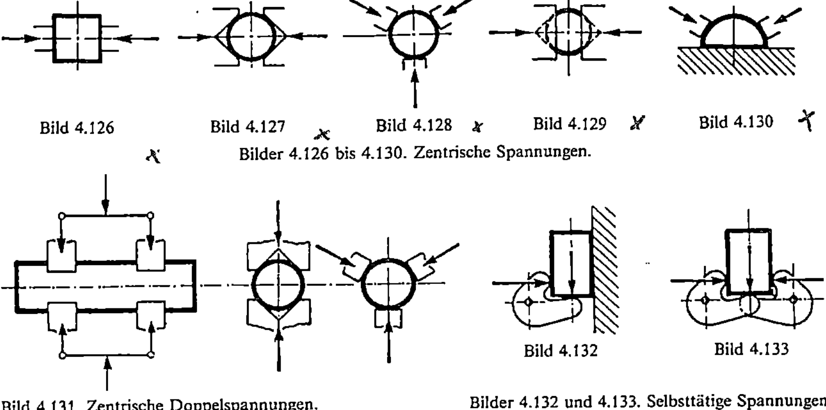

Bild 4.126   Bild 4.127   Bild 4.128   Bild 4.129   Bild 4.130

Bilder 4.126 bis 4.130. Zentrische Spannungen.

Bild 4.132   Bild 4.133

Bild 4.131. Zentrische Doppelspannungen.   Bilder 4.132 und 4.133. Selbsttätige Spannungen.

Starre und elastische Spannung:

Diese Unterscheidung berücksichtigt die Steifheit der Spannung. Wenn die am Werkstück angreifenden Spannorgane während des Betriebs im Beharrungszustand bleiben, d.h. nahezu „unendlich starr" bleiben, spricht man von starrer Spannung [2]. Bei elastischer Spannung können sich die angreifenden Spannorgane unter Aufrechterhaltung einer konstanten Spannkraft bewegen. Sie bewegen sich also z.B. unter Einwirkung der Schneidkraft. Auch bleibt die Einspannkraft nahezu konstant, wenn sich das Werkstück infolge Temperaturerhöhung während der Bearbeitung verlängert. Man teilt dementsprechend die Spannmittel in starre und elastische Spannmittel ein.

4.2.2 Spannmittel

4.2.2.1 Starre Spannmittel. Man zählt hierzu Schraube, Zwinge, Exzenter, Keil, Kniehebel.

Spannschrauben.

Schrauben sind sichere Spannmittel. Sie können mit wenigen Umdrehungen angezogen werden. Ist ein größerer Hub erforderlich, so kann man eine mehrgängige Schraube verwenden, sofern trotz der Bearbeitungserschütterungen Selbsthemmung bestehen bleibt. Auch entsprechende Schwenkhebel zur Hubanpassung sind möglich. Einfachste Anwendungsformen von Schrauben in festen Vorrichtungskörpern zeigen die Bilder 4.134 bis 4.136 (Kugelgriffschraube nach

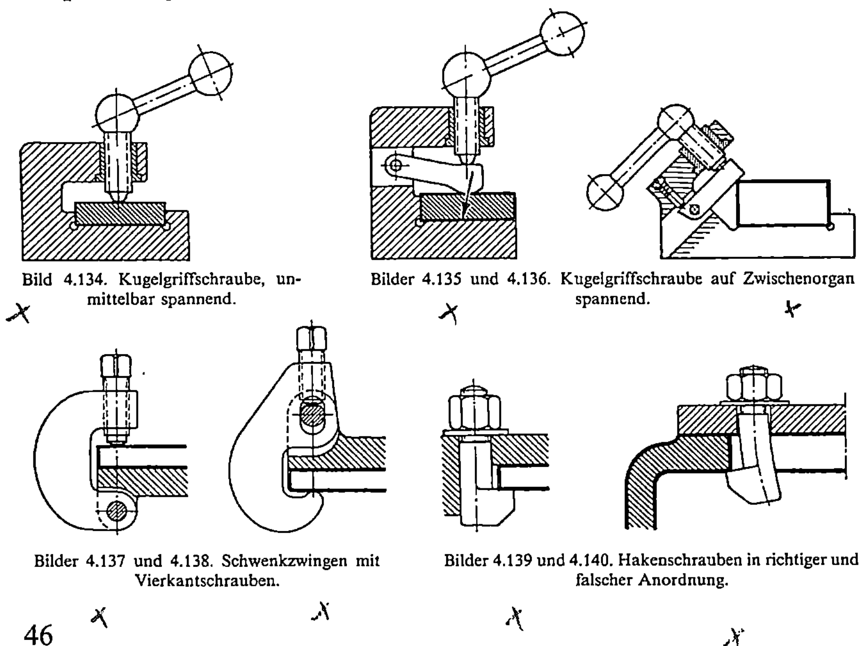

Bild 4.134. Kugelgriffschraube, unmittelbar spannend.

Bilder 4.135 und 4.136. Kugelgriffschraube auf Zwischenorgan spannend.

Bilder 4.137 und 4.138. Schwenkzwingen mit Vierkantschrauben.

Bilder 4.139 und 4.140. Hakenschrauben in richtiger und falscher Anordnung.

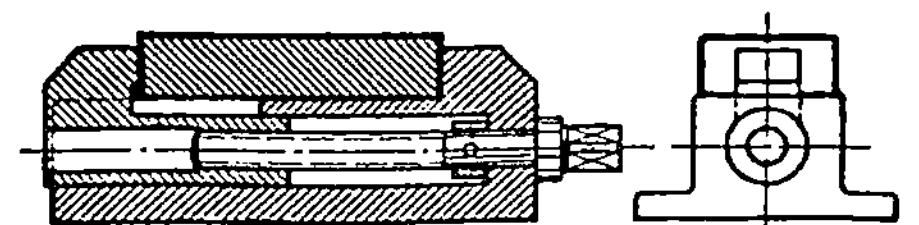

Bild 4.141. Hakenmutter, schraubstockähnlich verwendet.

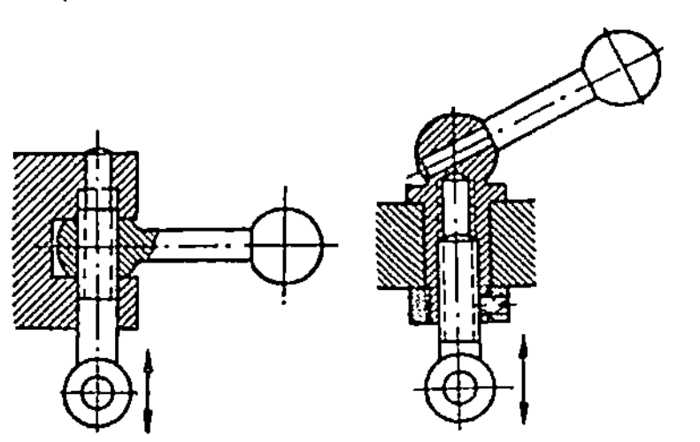

Bilder 4.142 und 4.143. Gelenkschrauben für zweifache Spannrichtung.

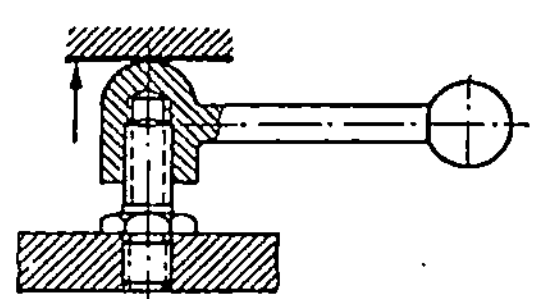

Bild 4.144. Kugelgriffmutter mit Druckkopf.

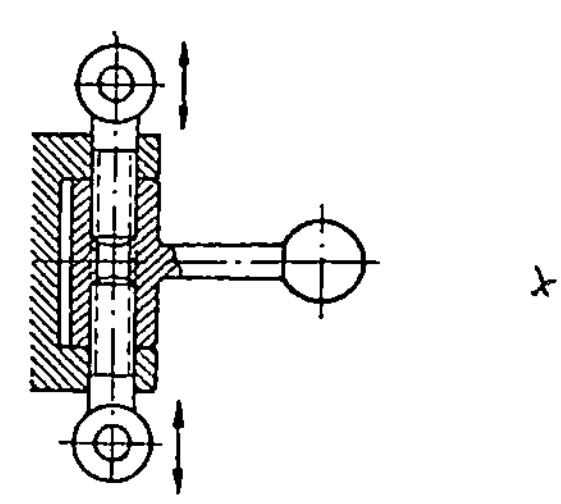

Bild 4.145. Doppelte Gelenkschraube.

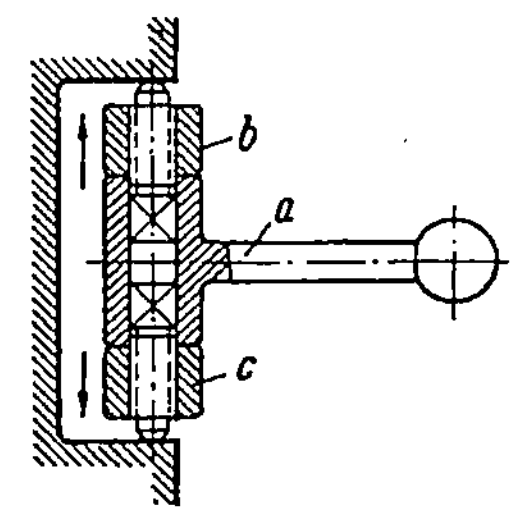

Bild 4.146. Doppelte Vierkantschraubenanordnung. *a* Kugelhandgriff, *b* und *c* am Drehen gehinderte Muttern mit Rechts- und Linksgewinde.

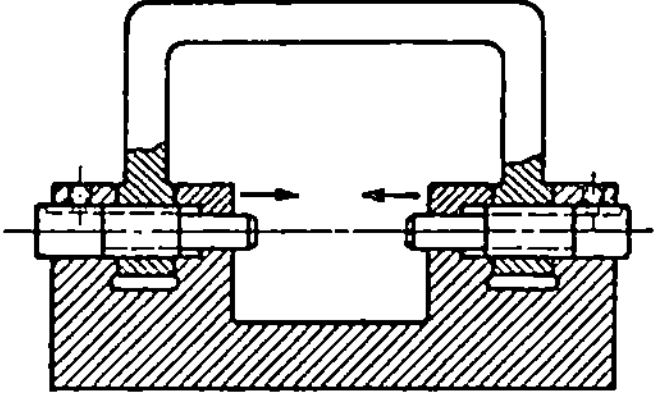

Bild 4.147. Doppelte Schraubenbolzenordnung.

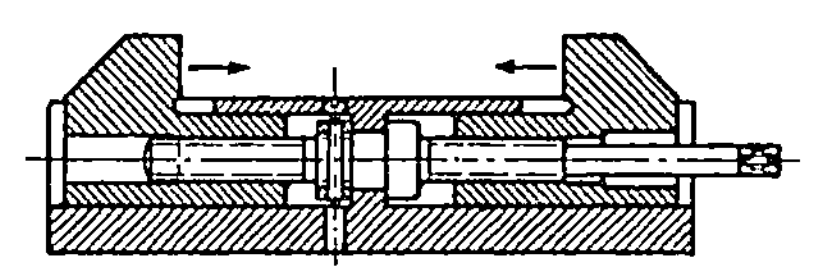

Bild 4.148. Zwieselschraube mit zwei Hakenmuttern.

DIN 6337). In beweglichen Teilen sind die Schrauben gemäß Bilder 4.137 und 4.138 angeordnet. Auch die Benützung von Hakenschrauben (Bild 4.139 und Bild 4.140) ist üblich ebenso von Hakenmuttern (Bild 4.141). Hierbei muß das Abbiegen des Hakens vermieden werden. Weitere Anwendungen von einseitigen Spannungen zeigen die Bilder 4.142 und 4.143. Zentrische Spannungen sind in den Bildern 4.144 bis 4.148 dargestellt.

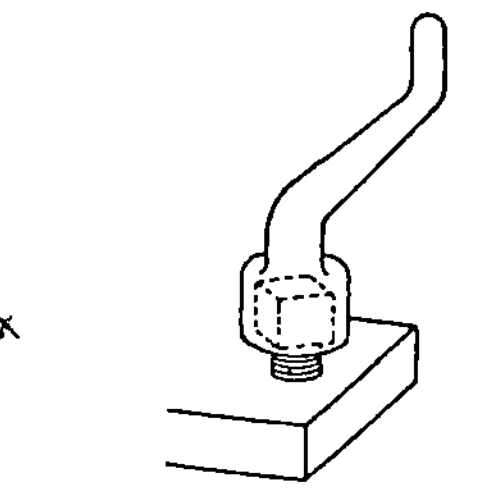

Bild 4.149. Kurbelförmiger Steckschlüssel.

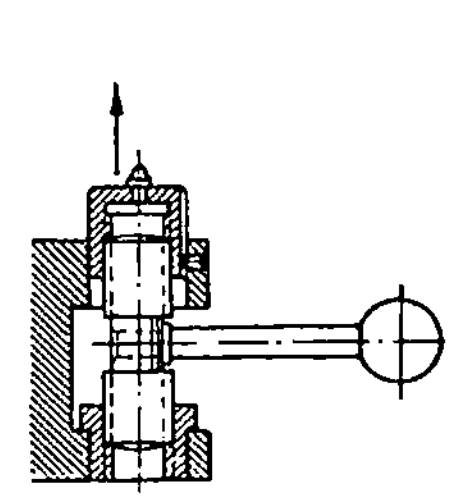

Bild 4.150. Zwieselschraube, nur in einer Richtung spannend.

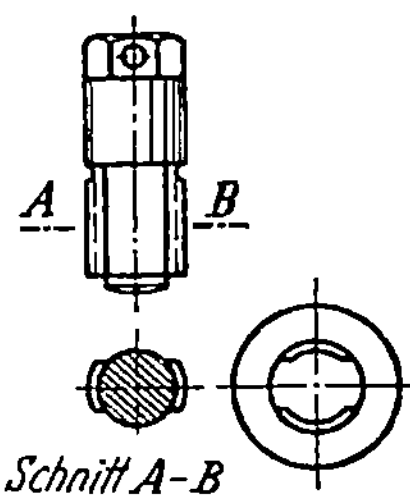

Bild 4.151. Steckschraube.

Schrauben und Muttern, die zum Spannen in Vorrichtungen Anwendung finden, sollten möglichst einen Handgriff zur Verringerung der Spannzeiten haben. Sind die Griffe hinderlich, so muß auf Schrauben mit Schlüsselköpfen übergegangen werden, die z.B. mit Steckschlüsseln betätigt werden (Bild 4.149).

Die Ausführung als Doppelschraube (Bild 4.150) führt zum doppelten Hub bei gleichem Drehwinkel. *Steckschrauben* können aus der Vorrichtung ganz entfernt werden (Bild 4.151). Zum Spannen steht eine Viertelumdrehung zur Verfügung, d.h. die Werkstückdicke muß an der Spannstelle gleich sein. Die Schnittkanten der Gewindegänge müssen zugespitzt sein. Eine andere Ausführung in Verbindung mit einer Spannpratze zeigt Bild 4.152. Der Steckbolzen wird bis zur Spannstelle durchgeschoben und mit der Einstellbuchse auf die gewünschte Höhe gebracht. Eine Vierteldrehung der Spannmutter mittels Kugelgriff verriegelt Bolzen und Einstellbuchse. Danach wird mit Schraubenschlüssel nachgespannt, wobei sich eine Spannkraft von 30 kN erreichen läßt. Mit einer dreiviertel Drehung wird gelöst. [15].

Spannschrauben müssen stets kräftiger ausgeführt werden als es für normale Befestigungszwecke nötig wäre, ebenso sind Muttern in

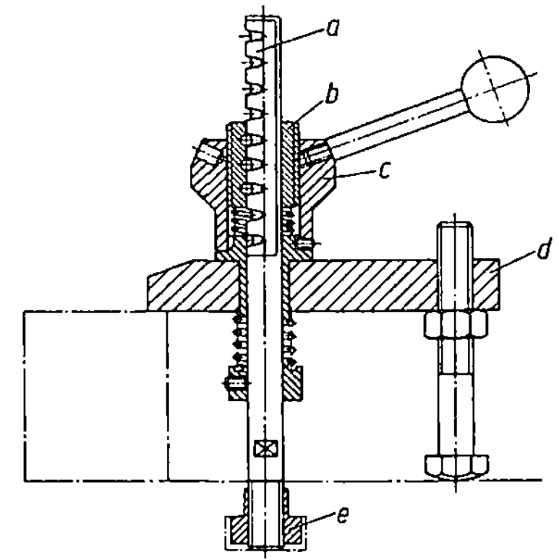

Bild 4.152. Schnellspannschraube mit Hebelspannung für Spannpratze (System Römheld). *a* Steckbolzen, *b* Einstellbuchse, *c* Spannmutter, *d* Spannpratze, *e* Nutenstein in Tischnut.

48

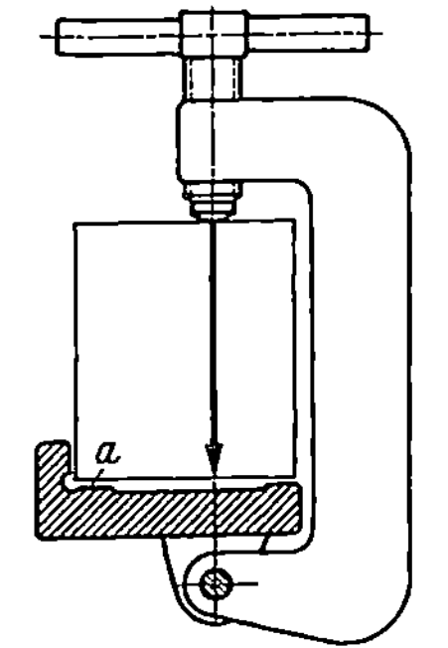

Bild 4.153. Schwenkzwinge, gegen die Grundfläche spannend.

1,5facher Normhöhe (DIN 6330 und 6331) vorzusehen, hergestellt aus Bronze, Gewindebolzen aus härtbaren Stählen (Spitze und Schlüsselflächen gehärtet).

Schwenkzwingen

Die Bilder 4.137 und 4.138 zeigten bereits Schwenkzwingen, auch *Spannbügel* genannt. Sie erleichtern das Einlegen der Werkstücke und gestatten eine große Variabilität bei der Lenkung der Spannkraftrichtung. Die Anlagestellen der Schwenkzwingen am Werkstück sollten leicht zylindrisch, die der Spannschrauben leicht kegelig sein.

Die Bilder 4.153 bis 4.158 zeigen unterschiedliche Schwenkzwingenanordnungen mit einer, zwei und drei Spannrichtungen gegen die Bestimmflächen *a* bzw. *b* und *c*. Das Werkstück wird bei Bild 4.153 mit dem kürzest möglichen Kraftflußweg gespannt. Über die Lenkung der Hauptspannkraft vergleiche man auch die theoretischen Bemerkungen zum Bestimmen im Abschn. 5.1. An den in drei Richtungen spannenden Zwingen muß die Zapfenbohrung seitlich links und rechts erweitert sein und die Lagerung ein geringes Axialspiel ermöglichen.

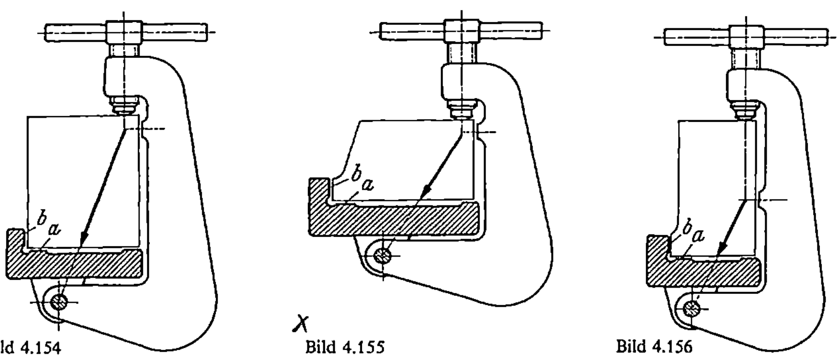

Bild 4.154   Bild 4.155   Bild 4.156

Bilder 4.154 bis 4.156. Schwenkzwingen, gegen die Grundfläche und eine Seitenfläche spannend.

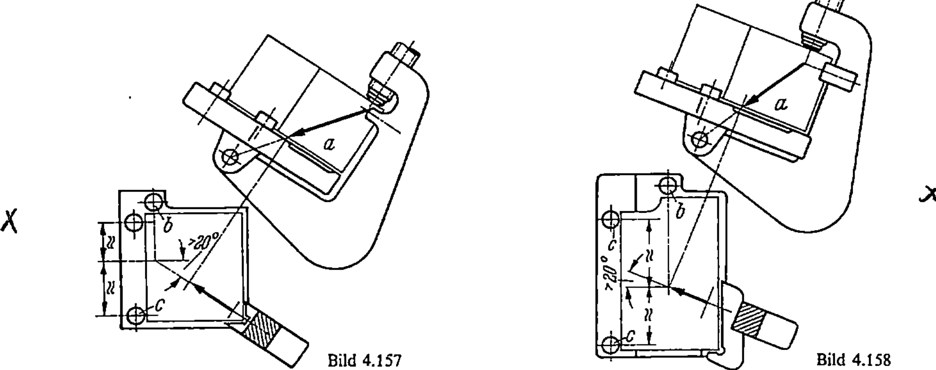

Bild 4.157

Bild 4.158

Bilder 4.157 und 4.158. Schwenkzwingen, gegen die Grundfläche und zwei Seitenflächen spannend.

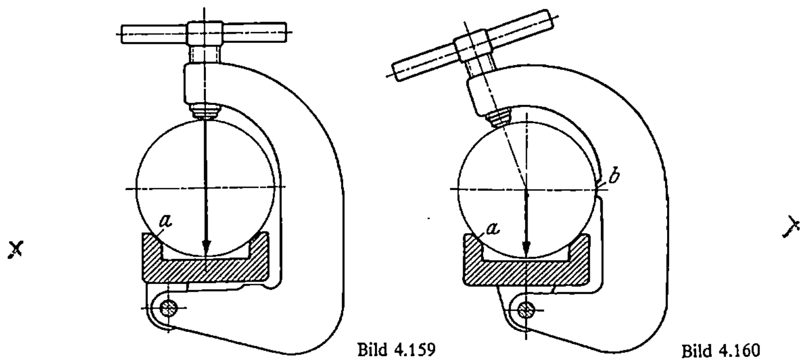

Bild 4.159

Bild 4.160

Bilder 4.159 und 4.160. Schwenkzwingen, gegen ein Prisma spannend.

Die Bilder 4.159 und 4.160 lassen die Schwenkzwinge im Zusammenwirken mit Prismen erkennen. In der Vorrichtung nach Bild 4.161 wird das zu fräsende Werkstück in der Bohrung b der Vorrichtung zentriert und mit der Anschlagnase c gegen die Achse gespannt, wobei die Schwenkzwinge das Werkstück zugleich seitlich ausrichtet.. Sinngemäßes gilt für die Vorrichtung nach Bild 4.162, die mit einem Flansch versehen ist, der zur Befestigung an einem Wendespanner dient (vg. [6, S. 105]).

Spannexzenter

Spannexzenter ermöglichen ein schnelles und sicheres Spannen und Lösen ohne Benutzung loser Schlüssel. Spannkräfte und Spannwege sind den Anforderungen gemäß ausführbar, notfalls unter Einschaltung weiterer Zwischenglieder. Berechnung und Herstellung bereiten keine besonderen Schwierigkeiten. Im Abschn. 5.2 wird ein Berechnungsgang zur Exzenterermittlung dargestellt (vgl. auch VDI-Richtlinie Nr. 2027).

50

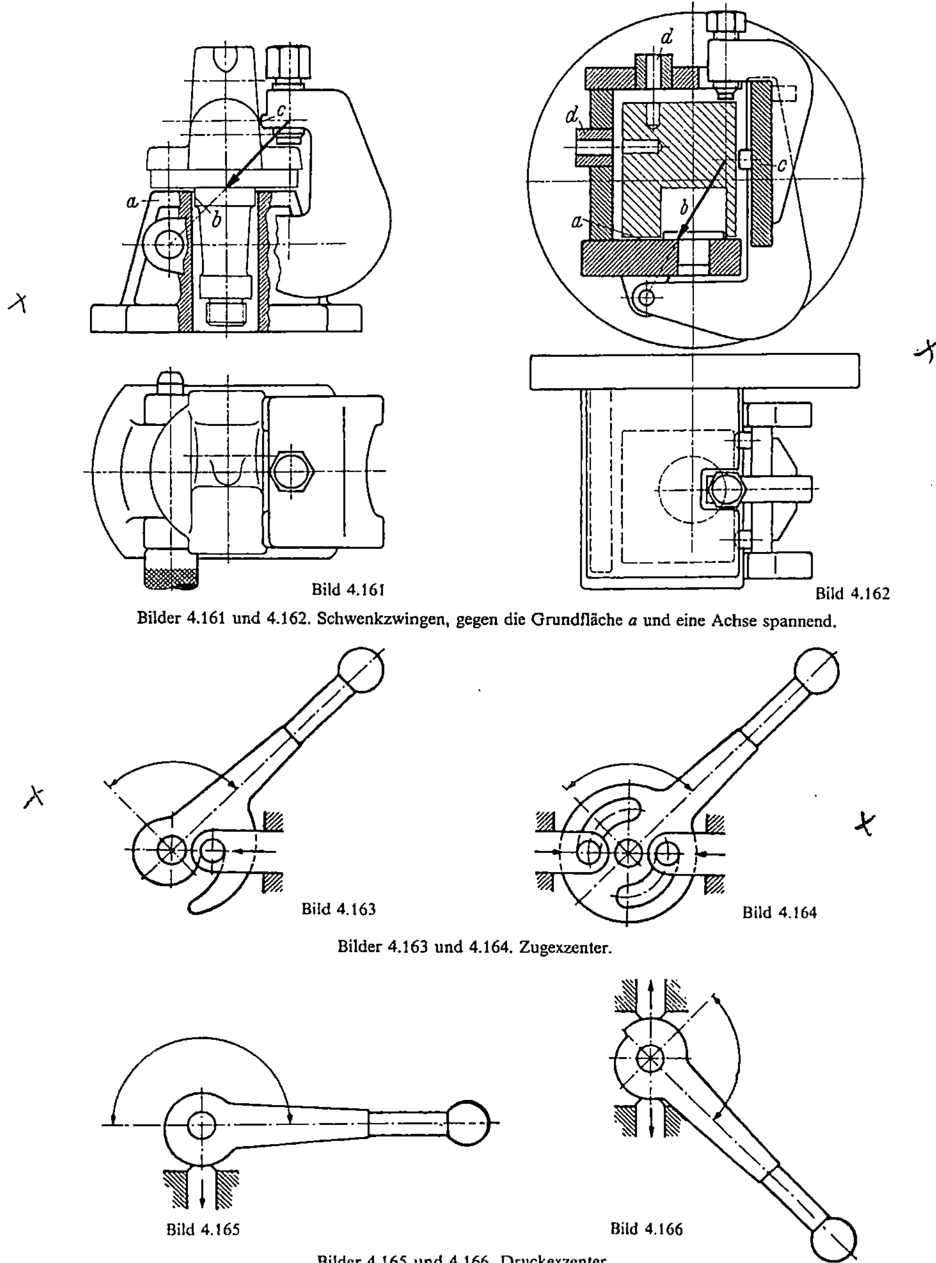

Bild 4.161

Bild 4.162

Bilder 4.161 und 4.162. Schwenkzwingen, gegen die Grundfläche *a* und eine Achse spannend.

Bild 4.163

Bild 4.164

Bilder 4.163 und 4.164. Zugexzenter.

Bild 4.165

Bild 4.166

Bilder 4.165 und 4.166. Druckexzenter.

Hinsichtlich der Wirkung unterscheidet man *Druck-* und *Zugexzenter* (Bilder 4.163 bis 4.166). Die Bilder 4.167 bis 4.169 zeigen weitere Ausführungsformen.

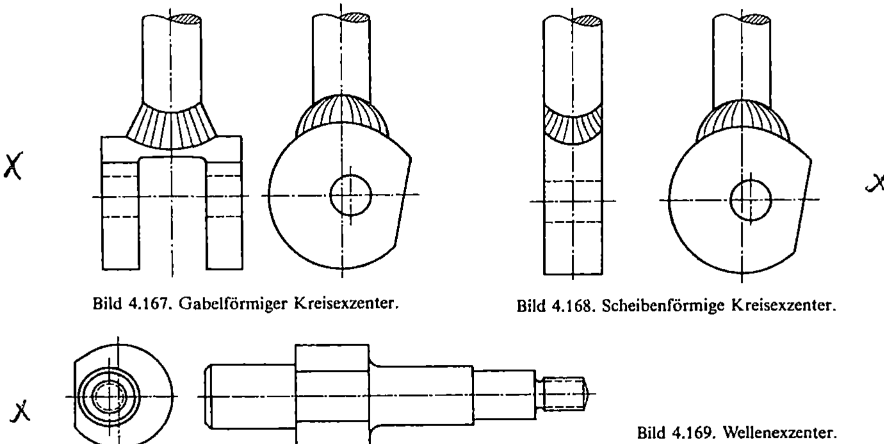

Bild 4.167. Gabelförmiger Kreisexzenter.

Bild 4.168. Scheibenförmige Kreisexzenter.

Bild 4.169. Wellenexzenter.

In den Bildern 4.170 bis 4.177 und 4.179 bis 4.181 sind verschiedenartige Vorrichtungen, bei denen Exzenter Anwendung finden, dargestellt. Bild 4.170 zeigt eine Exzenterspannvorrichtung. Das Werkstück c wird über eine gehärtete Stahlplatte gespannt, die mit einer Blattfeder e gelagert ist. Nach dem Lösen des Exzenters a wird das Werkstück freigegeben. Bild 4.171 bringt einen Scheibenexzenter a, der über einen Hebel c das Werkstück d spannt. Der Spannexzenter gleitet auf einer gehärteten Platte e. Die Bilder 4.172 bis 4.174 lassen weitere Lösungen der Exzenterspannung deutlich werden (Berechnung der Exzenterspannkraft F_1 vgl. F_{Sp} auf S. 124 u. 128).

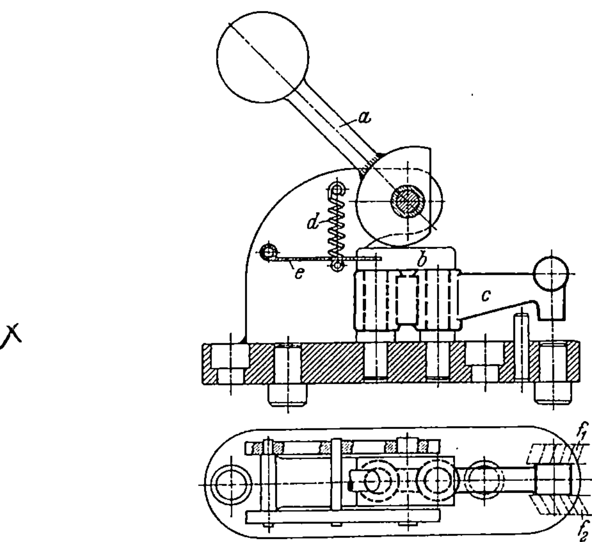

Bild 4.170. Exzenterspannung mit rückfedernder Spannplatte. a Spannexzenter, b Spannplatte, c Werkstück, d Zugfeder, e Blattfeder, f_1 und f_2 Scheibenfräser.

52

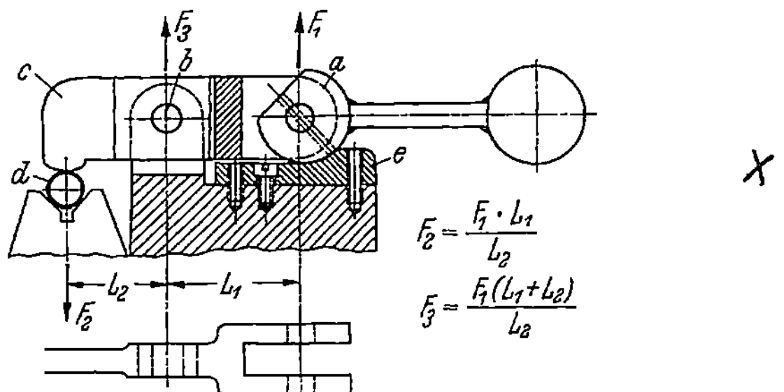

Bild 4.171. Exzenterspannung mit Übertragung der Spannkraft auf das Werkstück durch an Vorrichtung ange-lenkten Hebel. *a* Spannexzenter, *b* Gelenkbolzen, *c* Spannhebel, *d* Werkstück, *e* gehärtete Platte.

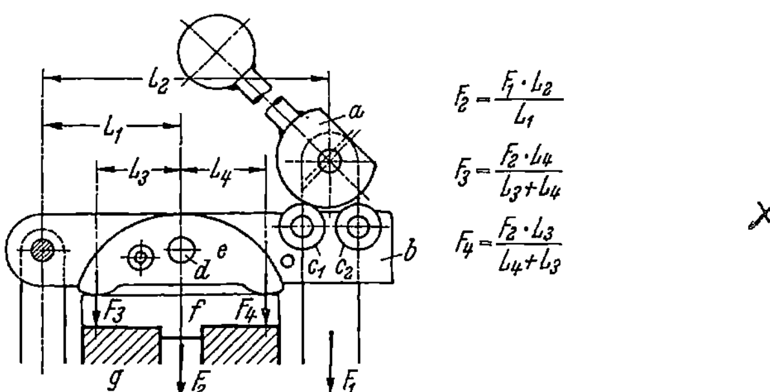

Bild 4.172. Exzenterspannung in Verbindung mit Spannkraftverteiler. *a* Spannexzenter, *b* Spannhebel mit gehärte-ten Zapfen c_1 und c_2 zur Aufnahme der Spannkraft, *d* Gelenkbolzen, *e* Spannkraftverteiler, *f* Bohrschablone, *g* Werkstück.

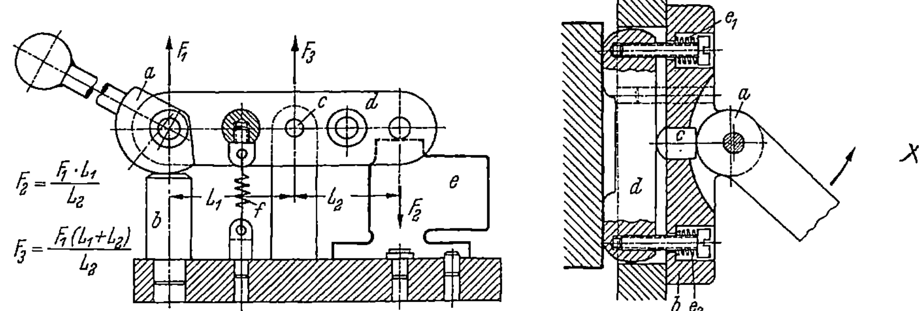

Bild 4.173. Exzenterspannung in Verbindung mit sich durch Zugfeder vom Werkstück abhebendem Spannhebel. *a* Spannexzenter, *b* Bolzenstütze zur Aufnahme der Spannkraft, *c* Gelenkbolzen, *d* Spannhebel, *e* Werkstück, *f* Zugfeder.

Bild 4.174. Exzenterspannung über Druckbolzen und Ausgleichsstück mit balligen Druckflächen. *a* Spann-exzenter, angelenkt an Platte *b*, *c* Druckbolzen, *d* Ausgleichsteil mit balligen Druckflächen, e_1 und e_2 Druckfedern.

Bild 4.175 zeigt eine Spezialausführung eines Druckexzenters. Er besitzt an der Druckfläche gewindeartige Rillen, womit eine in Richtung der Pfeile wirkende Spannbewegung erzeugt wird. Ähnlich wirkt die Anordnung nach Bild 4.176.

Die Bilder 4.177 und 4.178 zeigen Exzenteranwendungen bei beschränkten Platzverhältnissen. In Bild 4.179 ist ein Doppelexzenter

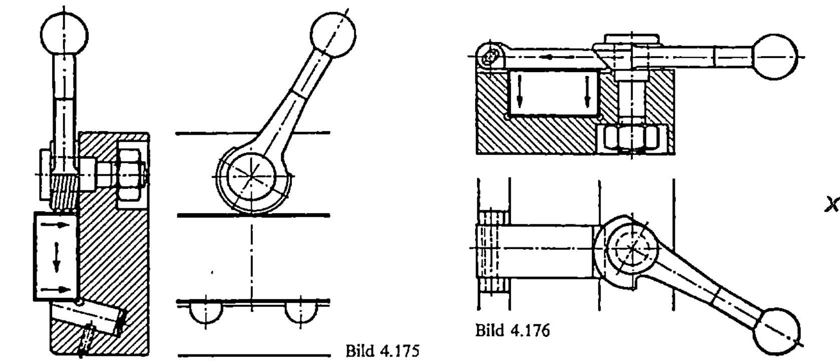

Bild 4.175

Bild 4.176

Bilder 4.175 und 4.176. Druckexzenter in zwei Richtungen spannend.

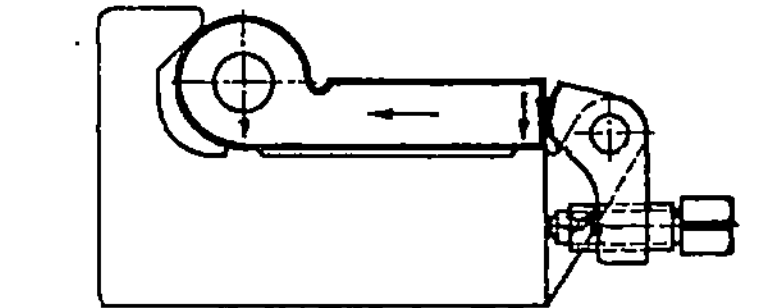

Bild 4.177. Druckexzenter mit großem Hub und Spannschraube.

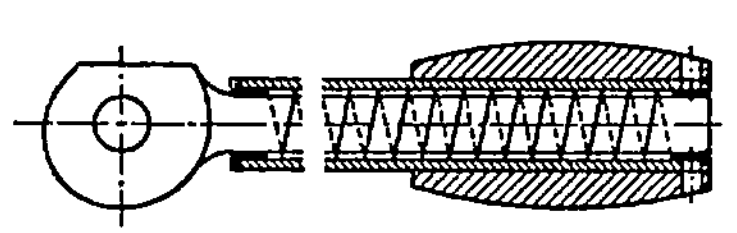

Bild 4.178. Exzenterhebel mit ausziehbarem Griff.

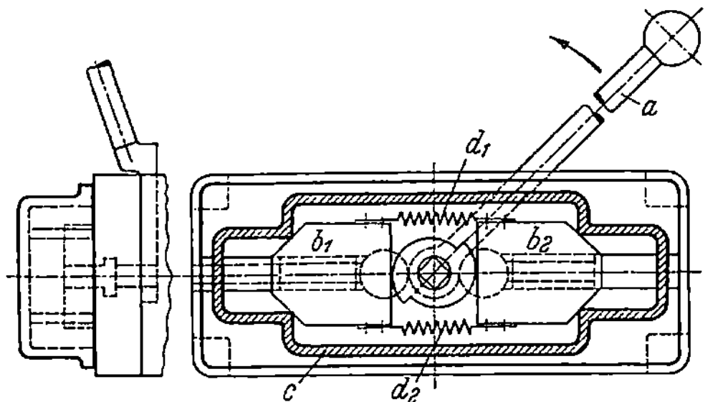

Bild 4.179. Doppeldruckexzenter zum Ausrichten des Werkstücks. a Doppeldruckexzenter, b_1 und b_2 Ausricht-spannbacken, c Werkstück, d_1 und d_2 Zugfedern, die Ausrichtspannbacken beim Losspannen in die Ursprungslage zurückholen.

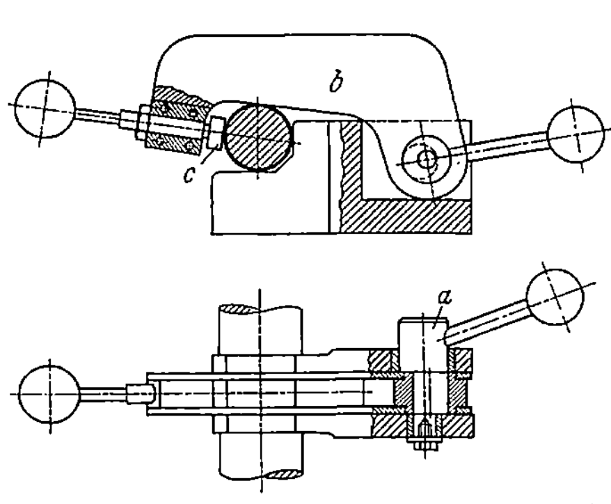

Bild 4.180. Exzenterwelle in Verbindung mit Spannhebel.

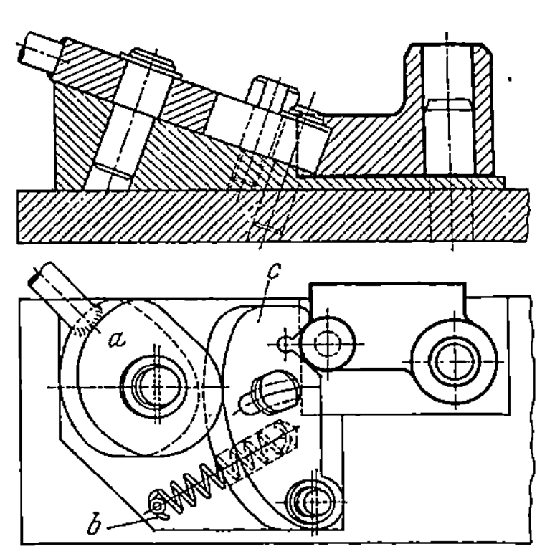

Bild 4.181. Spannexzenter (a) in Verbindung mit durch Zugfeder (b) ausschwenkbarem Hebel (c).

54

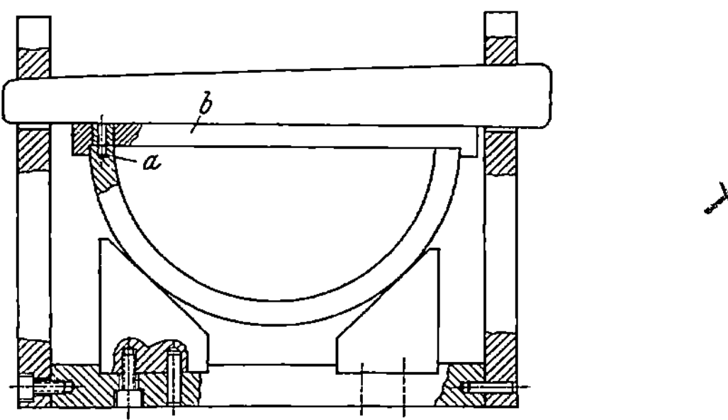
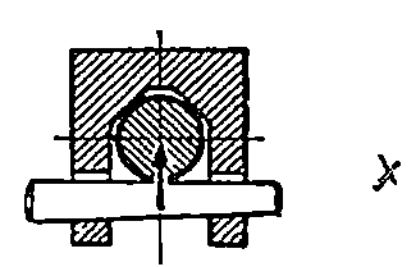

Bild 4.182. Spannkeil, spannt Bohrschablone zugleich mit Werkstück in der Vorrichtung. *a* Stiftlöcher im Werkstück, *b* Bohrschablone.

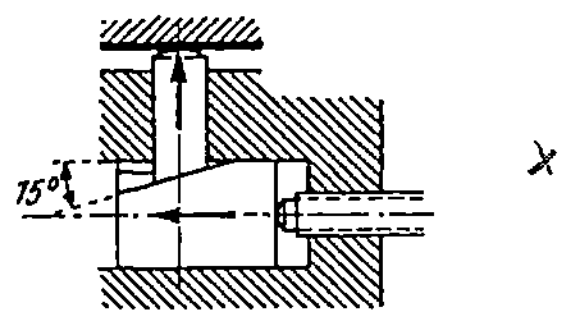

Bild 4.183. Schlagkeilspannung.

Bild 4.184. Schema der Schrauben-Keil-Spannung.

dargestellt, der hier zum Ausrichten des Werkstücks benutzt wird. Auch Kombinationen von Exzentern mit weiteren Spannorganen werden angewendet, wie die Bilder 4.180 und 4.181 erkennen lassen. Weitere Beispiele für Exzenterspannung siehe [6].

Spannkeile

Keile, als lose Teile, werden mit Neigungen von 1:10 bis 1:20 als Schlagkeile verwendet. Die Bilder 4.182 und 4.183 zeigen Lösungen, die man für kleine Stückzahlen und einfachste Fälle in Erwägung ziehen kann. Die Kombination von Keil und Schraube (Bild 4.184) findet sich hingegen häufiger.

Kniehebel

Kniehebelspanner werden in vielfältiger Form eingesetzt. Das Prinzip der Kniehebelspannung geht aus Bild 4.185 hervor. Verschiedene Anwendungsbeispiele finden sich in den Bildern 4.186 bis 4.188.

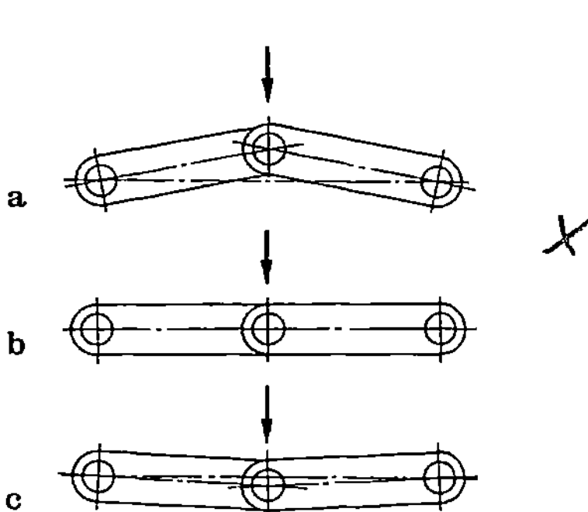

Bild 4.185. Prinzip der Kniehebelspannung. *a* Vor-Totpunktstellung: Lösestellung, *b* Totpunktstellung, *c* Über-Totpunktstellung: Spannstellung.

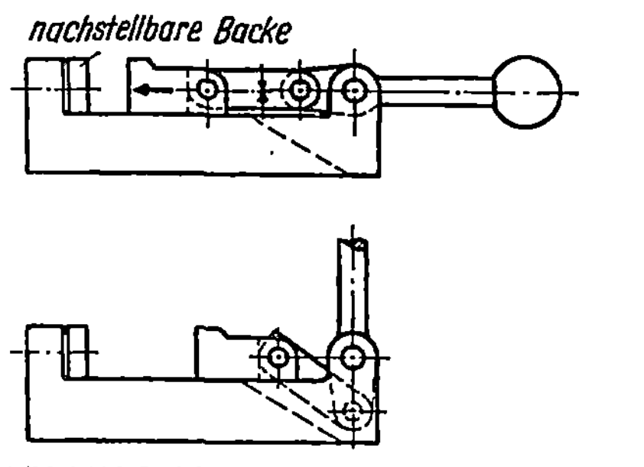

Bild 4.186. Kniehebelspannung mit drei Gelenken.

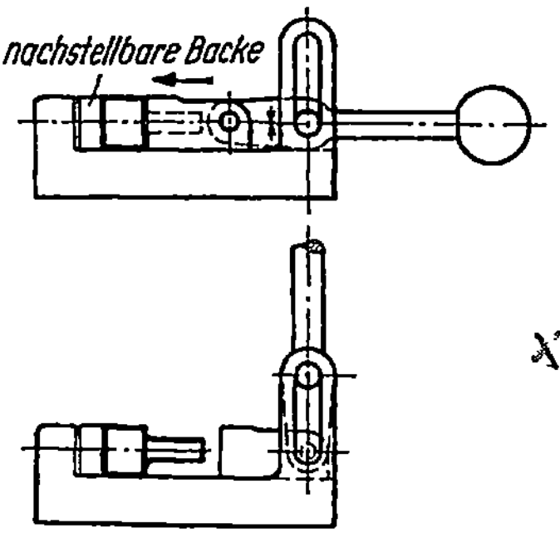

Bild 4.187. Kniehebelspannung mit
Gelenk und Kulisse.

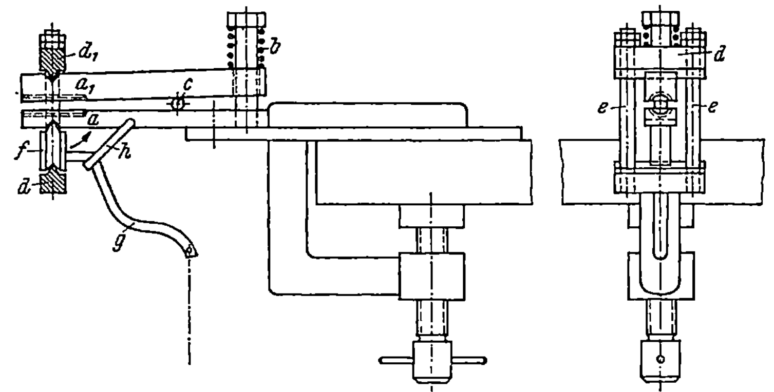

Bild 4.188. Kniehebelspannvorrichtung für zylindrische Werkstücke. a und a_1 Spannbacken, b Druckfeder, c Kugel, d und d_1 Spannstücke, e Bolzenschrauben, f Gelenkstück am Hebel g, h Hebelaufhängung.

Kniehebelspanner gestatten große Spannöffnungen. Bei der Anordnung gemäß Bild 4.188 handelt es sich um eine Spannvorrichtung zum Bohren von Splintlöchern in Stiftschrauben. Sie wird am Werktisch befestigt und mit dem Fuß betätigt. Die obere Spannbacke a_1 ist schwenkbar um c und wird im gelösten Zustand durch die Druckfeder b offen gehalten. Die Kniehebelwirkung wird mit dem Schwenkstück f hervorgerufen, indem es durch den Hebel g aus der bei geöffneten Spannbacken schrägen Lage in die gezeichnete, nahezu senkrechte Stellung geschwenkt wird. Das Schwenkstück f wird kraftschlüssig zwischen a und d gehalten und muß ebenso wie die Spannteile d und d_1 und die Backen a und a_1 gehärtet sein. Der Hebel g ist in die Öse h eingehängt, die ihn zugleich, wie gezeichnet, über seine Endlage bei geschlossenen Backen nicht hinausgehen läßt. Mit den beiden Bolzenschrauben e, die die Spannteile d und d_1 zusammenhalten, kann man die Spannweite der Vorrichtung für bestimmte Werkstücke einstellen. Auch können die Spannbacken a und a_1 leicht ausgewechselt werden.

56

4.2.2.2 Elastische Spannmittel. Federn, Druckluft, Saugluft, Druckflüssigkeiten, plastische Massen werden für den Aufbau von sogenannten elastischen Spannmitteln herangezogen.

Die Spannkraft wird dabei aus den Elastizitäten des Spannsystems aufgebaut. So betrachtet, gibt es eigentlich gar keine starren Spannmittel – jedes Glied in der Spannkette besitzt eine Elastizität, die man als Federkonstante ausdrücken kann (Bild 4.189).

Spannfedern

In Bild 4.190 ist eine Spannfeder als Hilfsspannelement – eigentlich als Bestimmhilfe! – angeordnet. Die Festspannung erfolgt mittels Schraube. Bei kleinen Bearbeitungskräften reicht mitunter auch die Feder allein. Federn haben den Vorteil, daß sie definierte Kräfte erzeugen (Bilder 4.191 und 4.192). Auch Stabfedern finden Verwendung (vgl. [6, Bild 4.47]).

Pneumatische Spanner – Druckluftspanner

Zylinder und Kolben, die durch Manschetten abgedichtet sind, erlauben es, in Verbindung mit Druckluft, Spannvorgänge ohne kör-

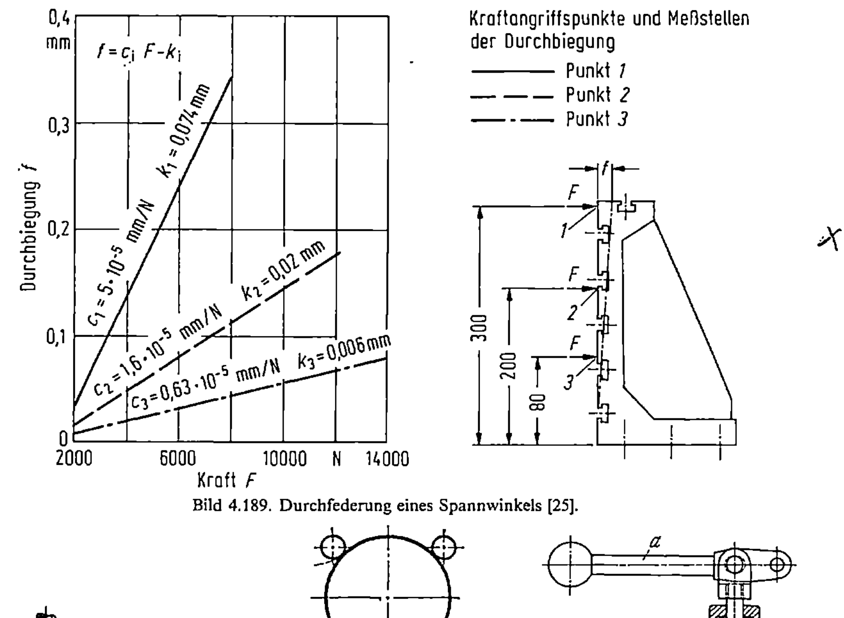

Bild 4.189. Durchfederung eines Spannwinkels [25].

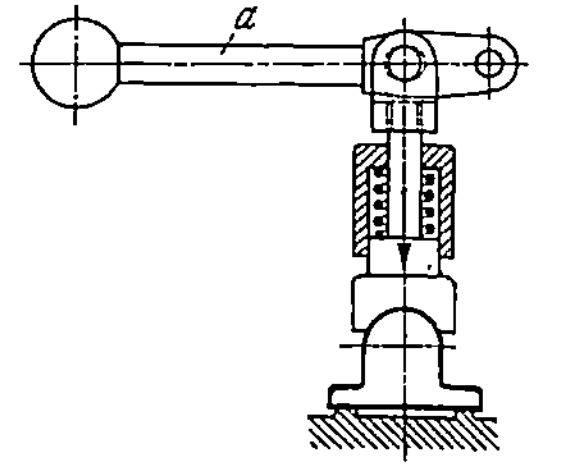

Bild 4.190. Feder als Hilfsmittel sichert Anlage bei *a*.

Bild 4.191. Federspannung.

Bild 4.192. Federspannung mit Entspannungshebel. *a* Handhebel.

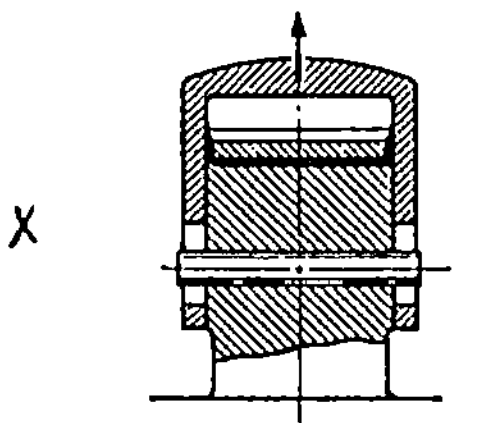

Bild 4.193. Druckluftkolben, durch
Eigengewicht entspannend.

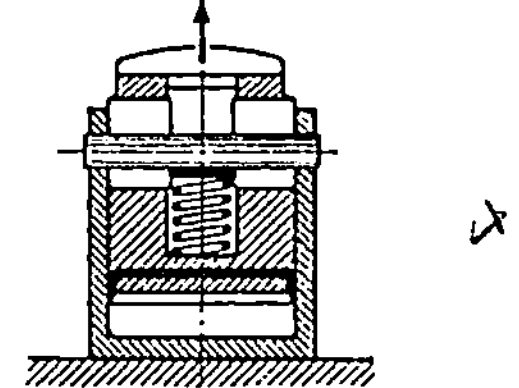

Bild 4.194. Druckluftkolben, durch
Federkraft entspannend.

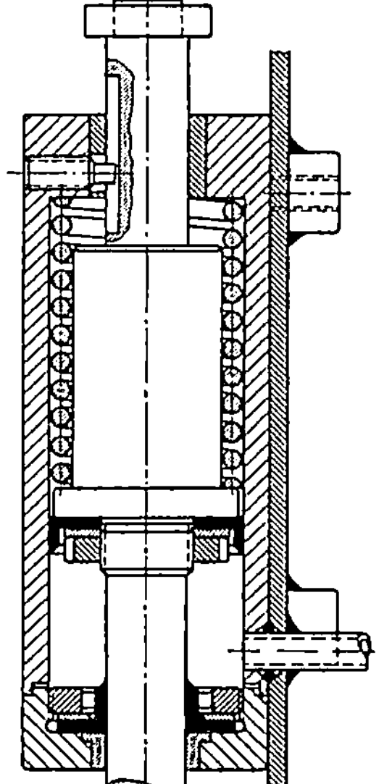

Bild 4.195. Einfachwirkender Druckluftspanner.

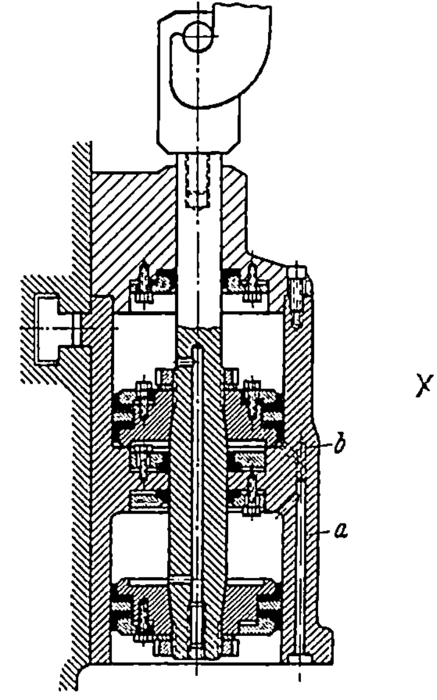

Bild 4.196. Doppeltwirkender Druckluftspanner.
a und b Luftkanäle.

perliche Anstrengung in kürzester Zeit vorzunehmen. Dabei sind
verschiedene Bauformen üblich: Einfach wirkende Druckspanner
mit Entspannung und Rückwärtsbewegung durch Eigengewicht
oder Federkraft bzw. doppeltwirkende Spanner, deren Kolben beid-
seitig beaufschlagt werden können (Bild 4.193 bis 4.196).

Besonders wenn große Stückzahlen vorliegen, ist das Spannen
mit druckluftbetätigten Spannsystemen vorteilhaft. Bild 4.197 zeigt
schematisch die Anordnung doppeltwirkender Druckluftspanner an
Drehmaschinen [3]. In Bild 4.198 ist ein Tiefspannschraubstock dargestellt, der mit einem doppeltwirkenden Kolben betrieben wird.
Für die Druckluftversorgung, ihre Aufbereitung und Steuerung werden heute von Spezialfirmen alle notwendigen Bauelemente kosten-
günstig angeboten. Auch die Druckluftkolben, Rohrverschrau-
bungen, Rohrschellen sind als kostengünstige Normalien erhältlich.
Einige Gestaltungsregeln für Pneumatikantriebe:

58

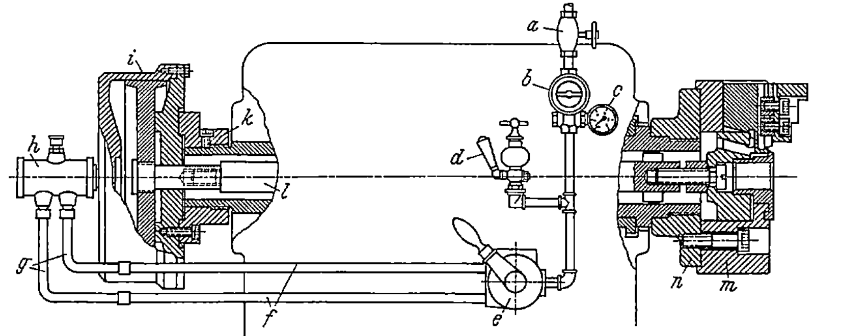

Bild 4.197. Schema einer durch Druckluft betätigten Spanneinrichtung an einer Drehmaschine (nach Forkardt). *a* Absperrventil, *b* Druckminderventil, *c* Druckmesser, *d* Öler, *e* Handsteuerventil, *f* Rohre, *g* Schläuche, *h* Luftzuführung, *i* Druckluftzylinder, läuft mit der Drehspindel um, *k* Zylinderflansch, *l* Kolbenstange, *m* kraftbetätigtes Dreibackenfutter, *n* Futterflansch [3].

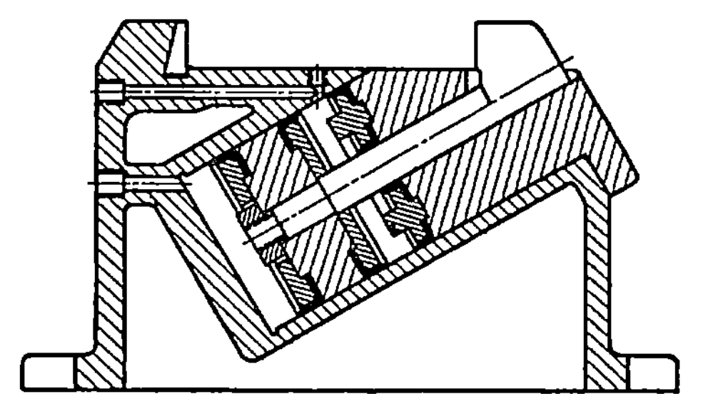

Bild 4.198. Druckluft-Tiefspanner (Schraubstockprinzip).

– Zylindergeschwindigkeit auf max. 1m/s begrenzen (Dichtungen),
– Kolbenstange möglichst nicht durch Querkräfte belasten,
– Anschläge im Zylinder vermeiden. Bei genauen Endlagen getrennte Anschläge außerhalb des Zylinders vorsehen,
– Endlagendämpfung vorsehen,
– Zylinder so anordnen, daß Späne etc. keine Beschädigungen bewirken. Abdecken.

Saugluftspanner – Vakuumspanner

Man nutzt dabei den normalen Luftdruck zum Spannen derart aus, daß man durch Pumpen über Gummidichtungen, an denen das Werkstück anliegt, einen einseitigen Unterdruck herstellt. Speziell für dünne Blättchen, die z.B. nicht mit Magneten gespannt werden können oder für andere feinwerktechnische Teile ist das Vakuumspannen nützlich. Bild 4.199 zeigt einen solchen Spanner für kreisringförmige Blechteile.

Auch gibt es Hersteller, die komplette Vakuumspannsysteme als Baukasten anbieten. Man kann mit Rasterplatten, werkstückgebundenen Vakuumplatten etc. nichtmagnetische Werkstoffe wie Leicht-, Schwer-, Hartmetalle, Kunststoffe, Holz, Glas hochgenau und deformationsarm spannen (Bilder 4.200 bis 4.204) [30].

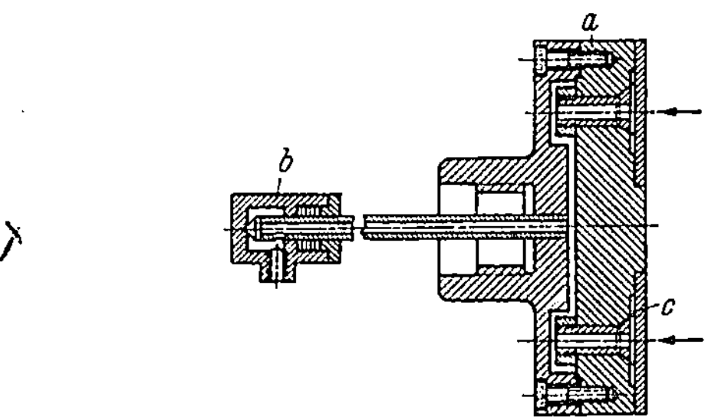

Bild 4.199. Vakuumspanner für Rundbearbeitung. *a* umlaufender Spannkörper, *b* feststehender Saugluft-Anschlußkörper, *c* sechs über den Umfang verteilte Gummilufttaschen. Das scheibenringförmige Werkstück wird in Pfeilrichtung angesaugt.

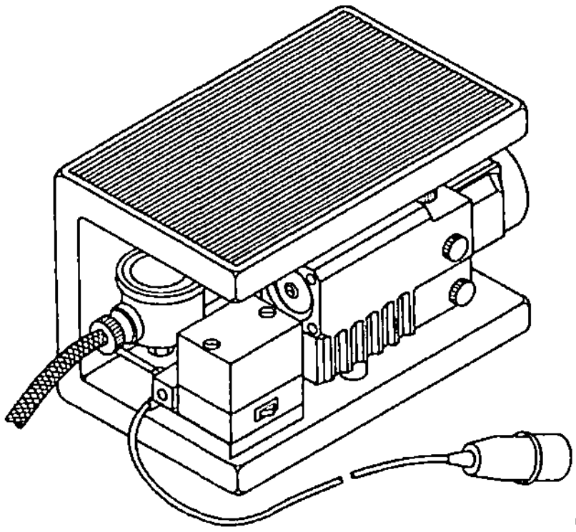

Bild 4.200. Vakuumaggregat mit angebauter Spannfläche (Bauart Witte).

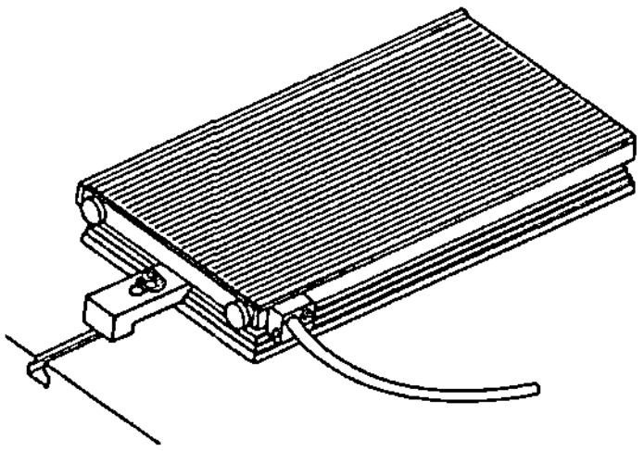

Bild 4.201. Standard-Vakuumspannplatte (Bauart Witte).

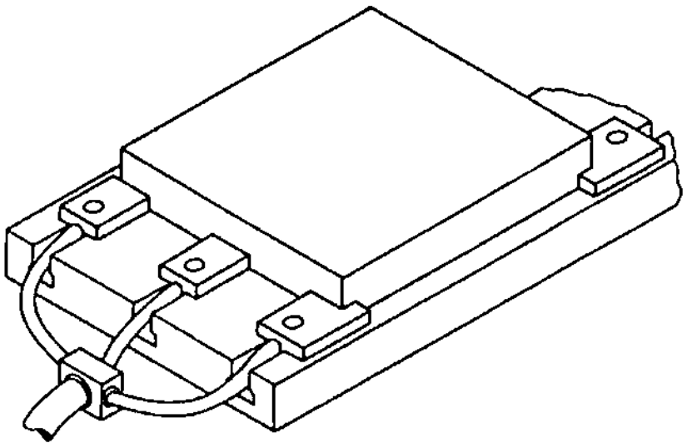

Bild 4.202. Vakuum-T-Nuten-Spannsystem (Bauart Witte).

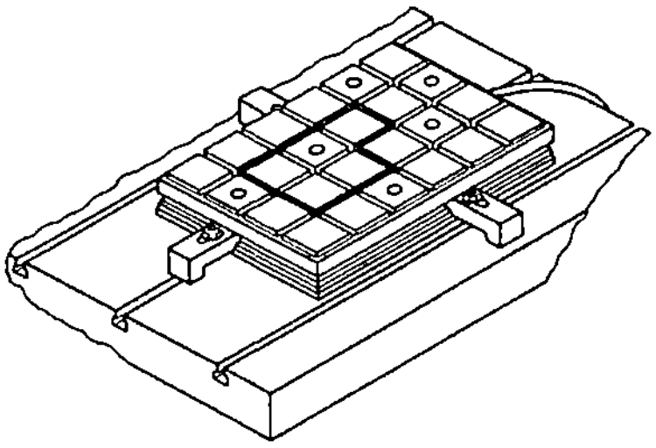

Bild 4.203. Vakuum Rasterplatte (Bauart Witte).

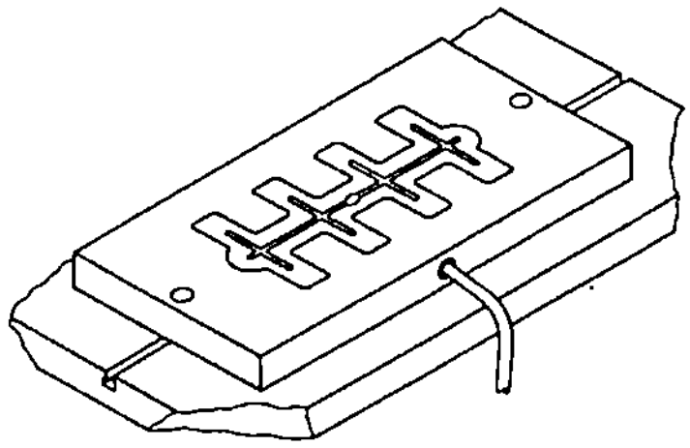

Bild 4.204. Werkstückgebundene Vakuumspannplatte (Bauart Witte).

60

Hiermit kann – im Gegensatz zur Druckluftspannung – mit höheren Kräften gearbeitet werden. Bild 4.205 zeigt eine hydraulisch betätigte Spanneinrichtung an einer Drehmaschine mit Versorgungseinheit. Dazu gehören: Elektromotor, Ölpumpe, Ölbehälter, Spannzylinder, Armaturen ggf. Speicherelemente.

Bild 4.206 zeigt eine Bohrspannvorrichtung mit hydraulisch betätigtem Zylinder. In Bild 4.207 ist eine hydraulische Spannvorrichtung zum Spannen eines Frästeils dargestellt. Die Bilder 4.208 und 4.209 zeigen Schnitte durch Hydrozylinder.

Eine Sonderform der hydraulischen Spannelemente sind solche, bei denen als Druckmedium plastische Massen, wie z.B. Weichmipolam PVC, benutzt werden. Derart ausgeführte Vorrichtungen bieten mancherlei Vorteile: Zentrale Spannstelle für verschiedene Druckstellen, annähernd gleiche Druckverteilung, es wird keine Spannung vergessen, Unabhängigkeit von Versorgungsnetzen [2]. Die Bilder 4.210 und 4.211 zeigen entsprechende Ausführungsformen. Auf Bild 4.211 ist die Verbindung dieses Prinzips mit einem Maschinenschraubstock gezeigt. Die Unterschiede der Werkstückdicken werden durch das Spannen mit dem Spannelement überbrückt. Eine andere Lösung unter Verwendung von Fett als plasti-

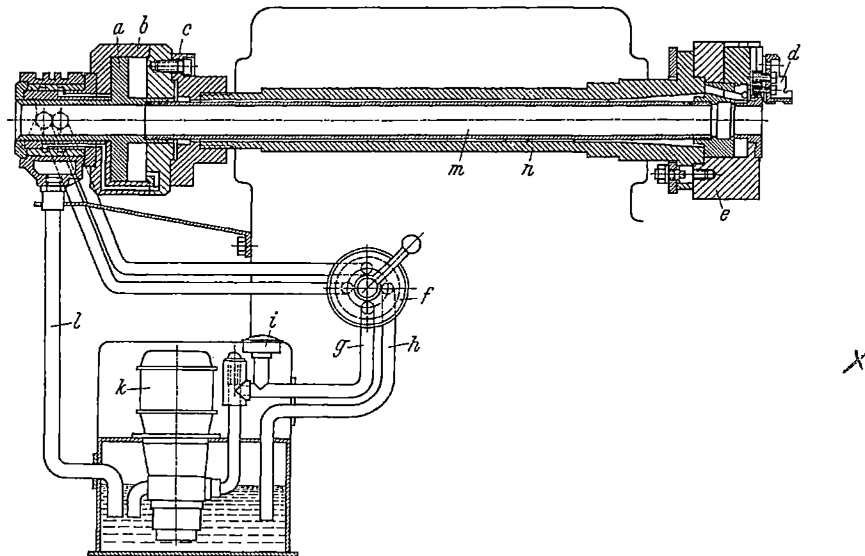

Bild 4.205. Schema einer hydraulisch (durch Drucköl) betätigten Spanneinrichtung an einer Drehmaschine (nach Forkardt). *a* bis *c* Einzelteile für den umlaufenden Drucköl-Spannzylinder, *d* Spannbacke in Spannfutter *e*, *f* bis *l* Drucköl-Pumpenaggregat mit Steuerorganen und Leitungen (*a* Druckkolben, *b* Zylinder, *c* Zylinderflansch, *f* Steuerventil, *g* Drucköleitung, *h* Ölrücklauf, *i* Druckmesser, *k* Elektromotor mit Druckölpumpe, *l* Leckölablauf, *m* Kolbenstange zur Futterbetätigung, *n* Drehspindel [3].

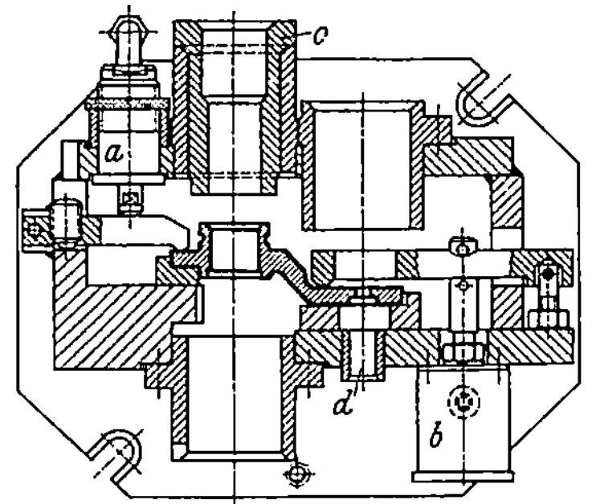
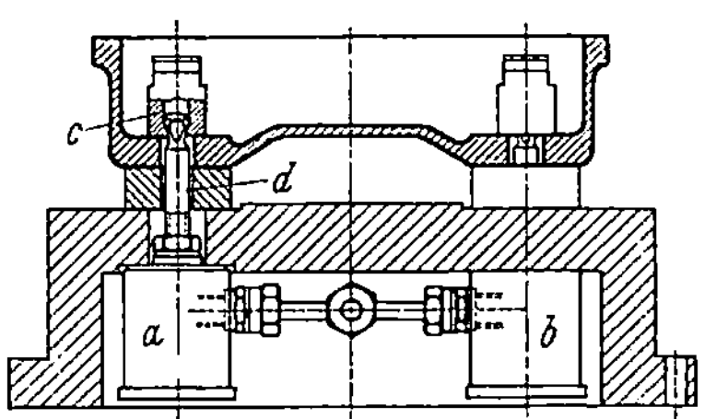

Bild 4.206. Hydraulische Bohrspannvorrichtung. *a* und *b* Hydro-Druckzylinder, *c* und *d* Bohrbuchsen.

Bild 4.207. Hydraulische Spannvorrichtung zum Fräsen eines Werkstücks. *a* und *b* Hydrozylinder, *c* Schnellkupplungen, *d* Zugschraube.

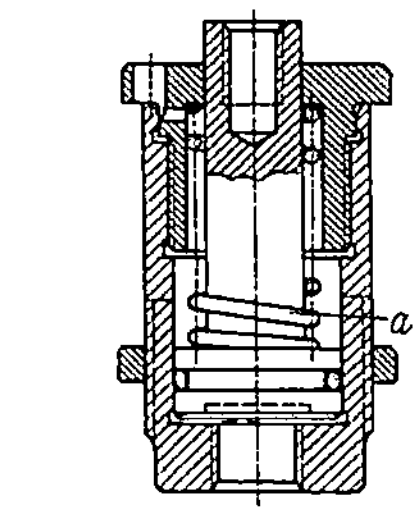
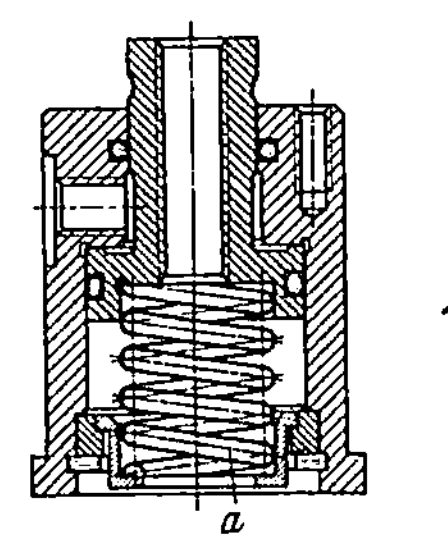

Bild 4.208. Hydro-Druckzylinder (nach Peiseler). *a* Rückholfeder.

Bild 4.209. Hydro-Zugzylinder (nach Peiseler). *a* Rückholfeder.

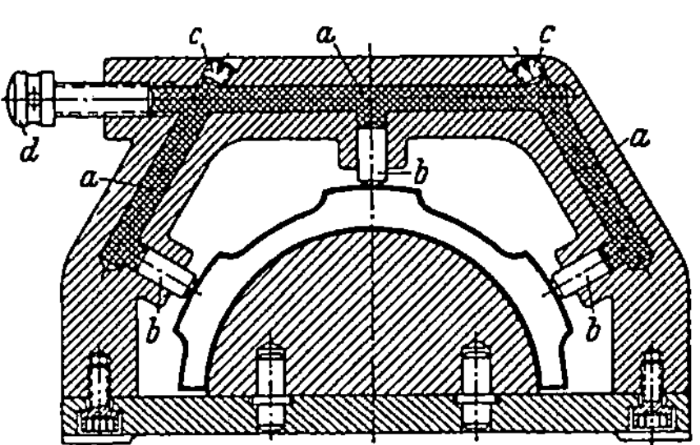
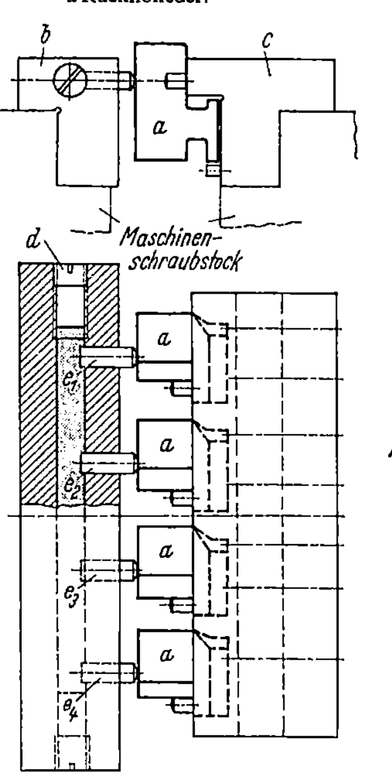

Bild 4.210. Spannvorrichtung mit Weich-PVC als druckübertragendes Medium. *a* mit plastischer Masse gefüllte Bohrungen, *b* Spannkolben, *c* Verschlußstopfen, *d* Druckschraube.

Bild 4.211. Spannvorrichtung für Mehrfach-Langbearbeitung mit Weich-PVC-Füllung. *a* Werkstücke, *b* und *c* Sonderspannbacken für Maschinenschraubstock, *d* Spannschraube, e_1 bis e_4 Druckkolben.

scher Masse zeigen die Bilder 4.212 und 4.213. Ein der Druckschraube gegenüberliegender Anzeigestift tritt gegen Federdruck aus dem Gehäuse aus und ist ein Anhalt für die Spannwirkung. Ausführliche Darstellungen zum hydraulischen Spannen in [12,15,23].

Kombination verschiedener Spannarten

Beispiel: Verbindung von pneumatischen und hydraulischen Spannsystemen zu pneumatisch-hydraulischen Spannern.

Solche Systeme gestatten z.B. große Kräfte bei kleinen Hüben und genaue Hubgeschwindigkeiten. In Bild 4.214 ist das Prinzip dargestellt. Luftdruck wird in einen höheren Öldruck gewandelt und mit

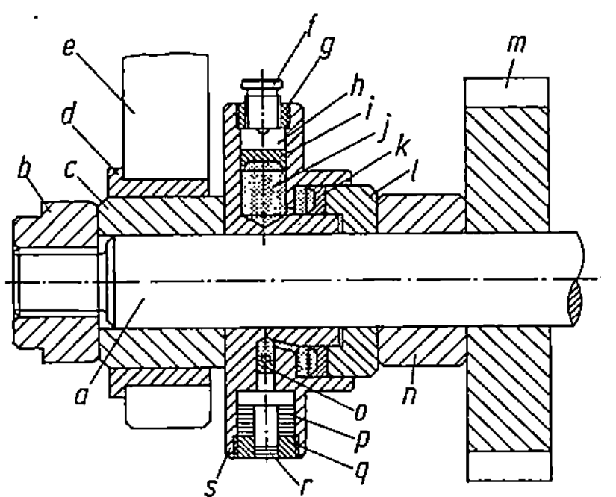

Bild 4.212. Scheibenfräserspannung auf einer Horizontal-Produktions-Fräsmaschine (System Schrems [23]). *a* Fräserdorn, *b* Bundmutter, *c* Laufbuchse, *d* Lagerhülsen, *e* Fräserdornführungslager, *f* Druckschraube, *g* Gewindeeinsatz, *h* Kolben, *i* Dichtung, *j* Druckfett, *k* Dichtung, *l* Kolben, *m* Fräser, *n* Fräserdornring, *o* Dichtung, *p* Federpaket, *q* Gewindeeinsatz, *r* Anzeigestift, *s* Grundkörper.

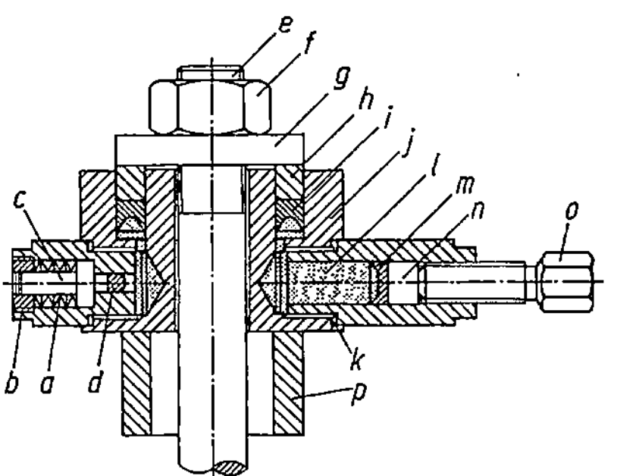

Bild 4.213. Werkstückspannung mit Spanneisen und T-Nutenschrauben (System Schrems [23]). *a* Federpaket, *b* Gewindeeinsatz, *c* Anzeigestift, *d* Dichtung, *e* Spannschraube, *f* Mutter, *g* Scheibe, *h* Ringkolben, *i* Dichtung, *j* Grundkörper, *k* Dichtung, *l* Druckfett, *m* Dichtung, *n* Kolben, *o* Druckschraube, *p* Spanneisen.

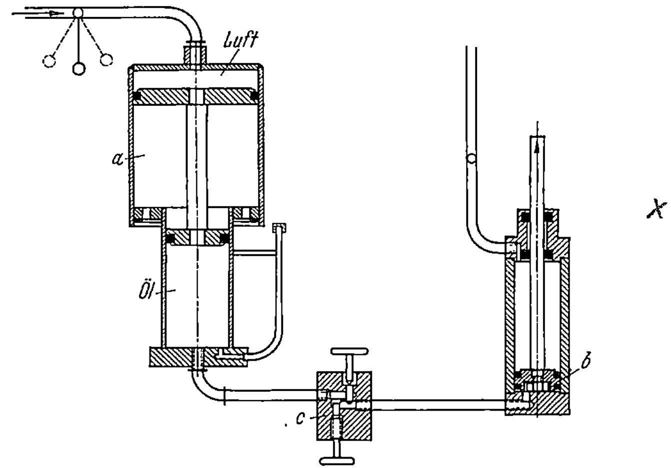

Bild 4.214. Schema des Systems einer pneumatisch-hydraulichen Spannung [6]. *a* Druckübersetzer, *b* Kolben des Arbeitszylinders, *c* Steuerventil.

dem Drucköl der Arbeitskolben betätigt. Damit können teure Öl-
aggregate entfallen, und man benötigt nur Druckluft. Geeignete
Steuerventile hierzu zeigen die Bilder 4.215 und 4.216. Das
Bild 4.217 gibt eine Spannvorrichtung nach dem pneumatisch-
hydraulischen Prinzip wieder.

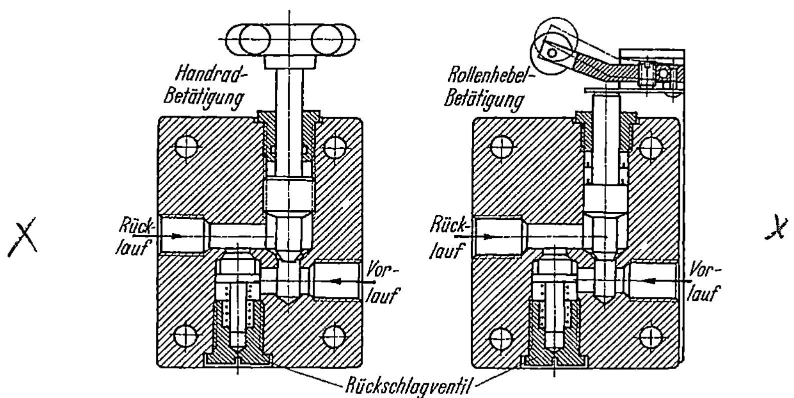

Bild 4.215. Steuerventil einer pneumatisch-hydraulischen Spannung mit Handradbetätigung [6].
Bild 4.216. Steuerventil einer pneumatisch-hydraulischen Spannung mit Rollenhebelbetätigung [6].

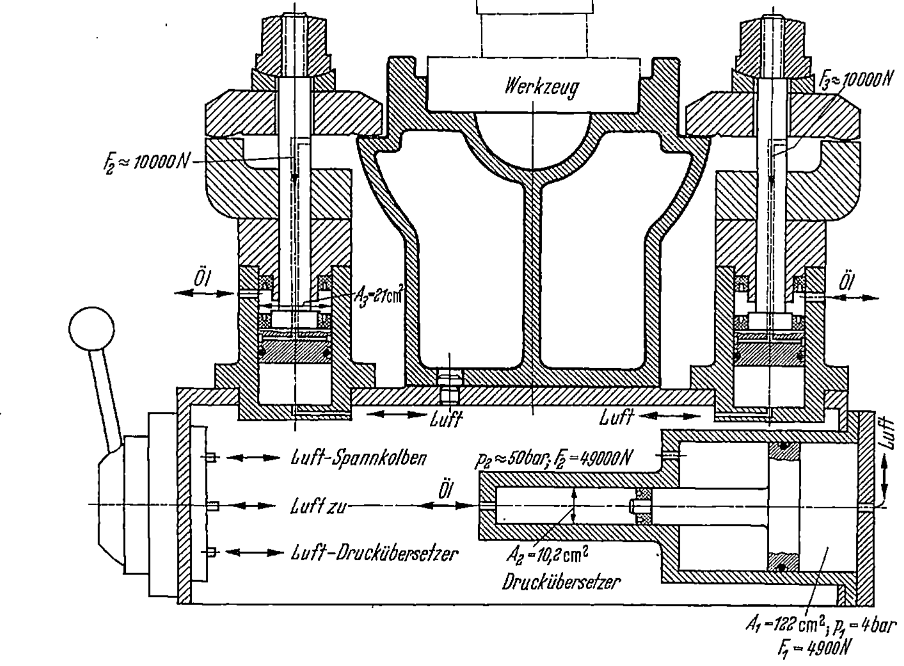

Bild 4.217. Spannvorrichtung mit pneumatisch-hydraulischer Spannung [13].

Beispiel: Starre und elastische Spannsysteme mit einander verbunden.

Bei rein elastischer Spannung kann durch unvorsichtiges Anstellen des Werkzeugs u.U. das Werkstück aus der Vorrichtung herausgezogen werden. Die Verbindung von starren Spannmitteln mit elastischen kann diesen Fall verhindern. Bild 4.218 zeigt einen Druckluftspanner mit Schraube und die Bilder 4.219 und 4.220 zeigen Druckluftspanner mit Keilen. Bild 4.221 schließlich stellt einen Drucköspanner mit Kniehebel und Bild 4.222 einen Drucköspanner mit Schneckengetriebe und Schraube dar. Die Spannmutter wird durch zwei Schnecken bewegt, die von einem öldruckbeaufschlagten Zahnradpaar getrieben werden.

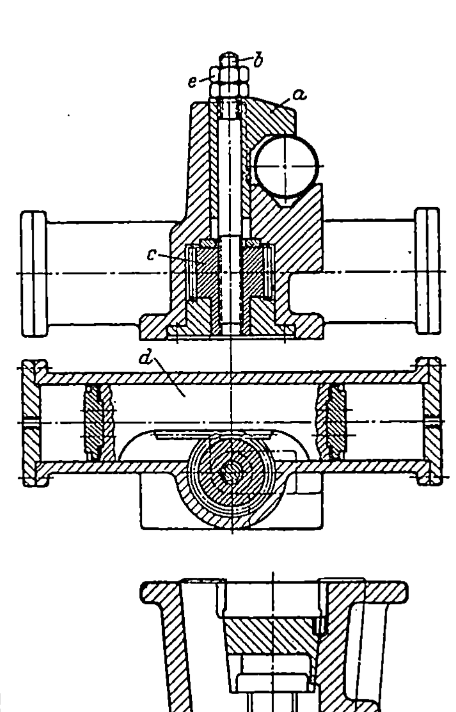

Bild 4.218. Druckluftspanner, verbunden mit Schraube. *a* Spannbacke, *b* Spannschraube, *c* Spannmutter, *d* Druckluftkolben, *e* Einstellmutter.

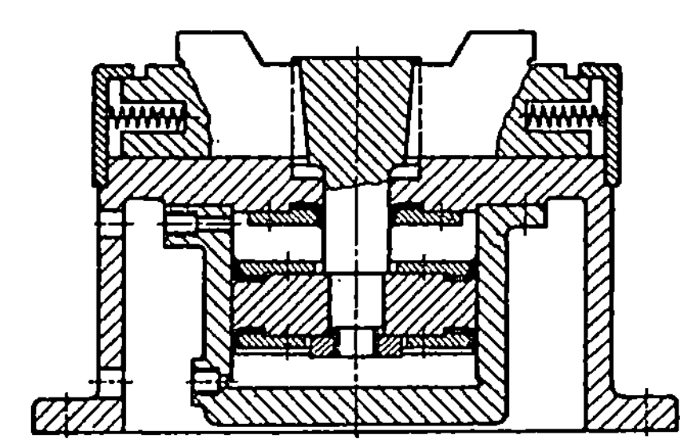

Bild 4.219. Druckluftspanner mit Innenspannung, verbunden mit Keil.

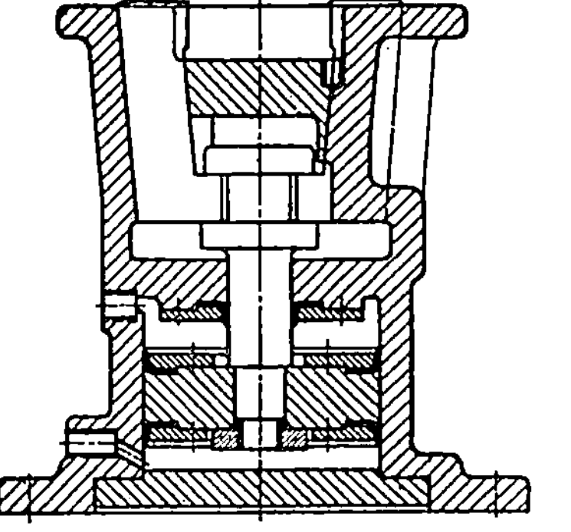

Bild 4.220. Druckluftspanner für Außenspannung, verbunden mit Keil. Öffnung erfolgt zwangsläufig durch feststehenden Innenkeil.

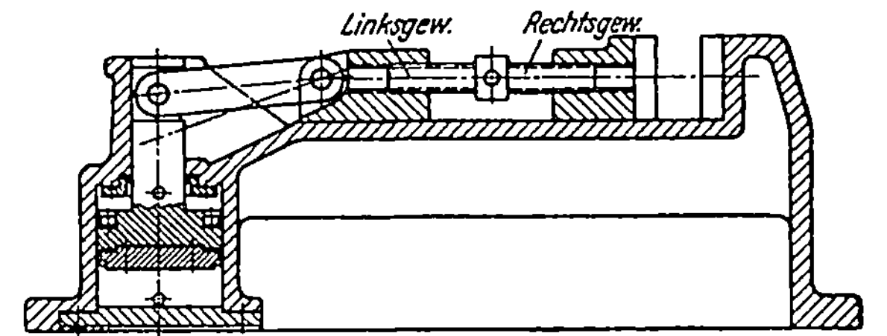

Bild 4.221. Druckölspanner in Form eines Schraubstocks, verbunden mit Kniehebel.

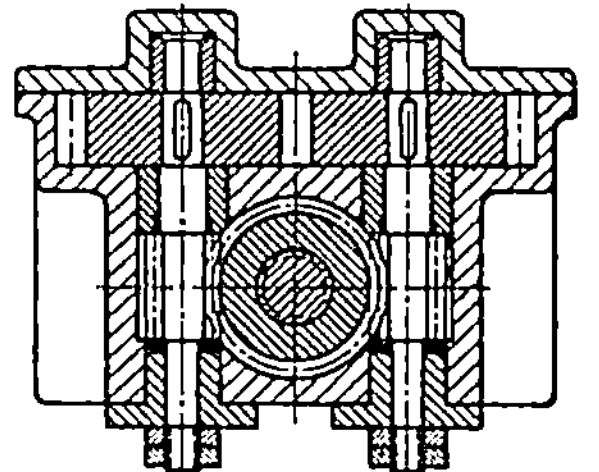

Bild 4.222. Druckölspanner, verbunden mit Schneckengetriebe und Schraube.

Spannfehler

Durch das Spannen des Werkstücks entstehen immer Deformationen in demselben (Bild 4.223). Diese Deformationen dürfen die Funktion des Teils nicht beeinträchtigen, und es müssen dazu alle Möglichkeiten des Bestimmens auf den richtigen Stellen, des Unterstützens, des Anschlagens und der günstigsten Führung des Spannkraftflusses durch das Werkstück bedacht werden (Bild 4.224). Durch geeignete Ausbildung der Spannpunkte kann hier bereits viel erreicht werden (kugelförmige Spannelemente).

Auch sollte die erforderliche Spannkraft durch eine Überschlagsrechnung abgeschätzt werden (siehe Abschn. 5.1), um unnötig hohe Spannkräfte zu vermeiden. Eine Grundregel für das Spannen von sehr genauen Teilen ist die, daß man solche Teile bei der Bearbeitung so spannen sollte, wie sie später im Gerät befestigt werden.

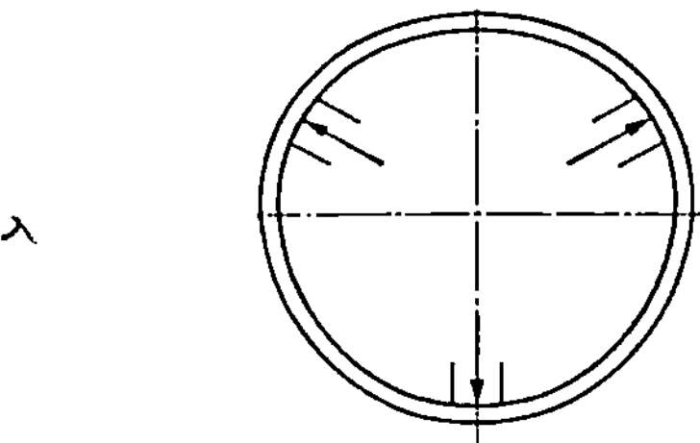

Bild 4.223. Im Dreibackenfutter infolge radikaler Spannung verspannter dünnwandiger Ring.

66

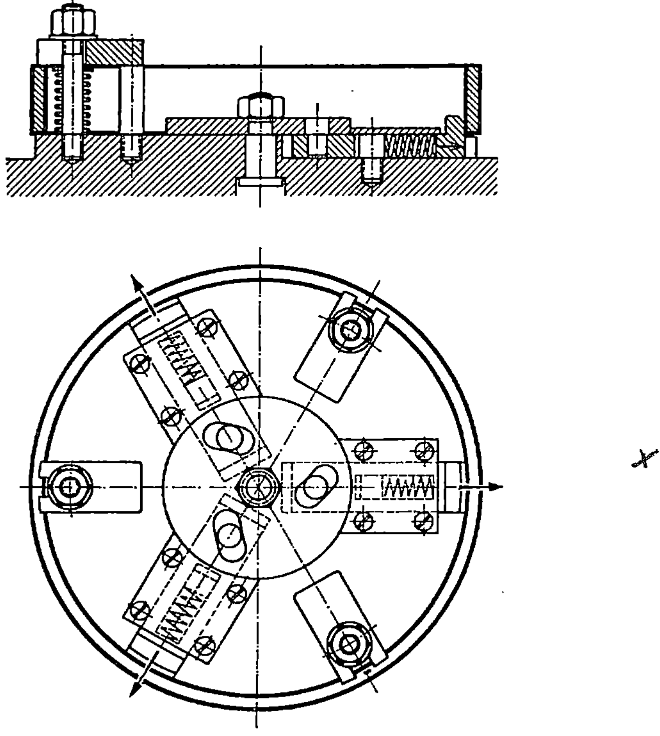

Bild 4.224. Axial aufgespannter dünnwandiger Ring. Keine Verspannungsgefahr.

4.3 Verteilen und Umlenken der Spannkräfte, Spannkraftfluß

In den funktionalen Darstellungen der Vorrichtungen nach den Bildern 3.1 bis 3.5 findet man keine Black-Box für den Spannkraftfluß und den bei der Bearbeitung auftretenden Bearbeitungskraftfluß. Ein Grund dafür liegt in dem Umstand, daß sich die Verteilung und Lenkung der Spannkräfte und der Bearbeitungskräfte über viele Teile der Vorrichtung erstreckt. Die angemessene Darstellung der Kraftflußverhältnisse erfolgt durch ein Hineindenken im geometrisch-funktionalen Sinne. Die adäquate Frage lautet: Wie verhält sich eine geometrische Anordnung bei Einwirkung von Spannkräften und Bearbeitungskräften? Eine Vorstellung vermitteln die Bilder 4.225 und 4.226. In Bild 4.225 ist oben eine Spannvorrichtung gezeigt, die ein Werkstück W1 mit den Kraftflußlinien der Spannung zeigt. In der Bildmitte sind die im gespannten Zustand wirkenden Kräfte an den freigemachten Teilen dargestellt. Im unteren Bildteil schließlich ist ein labiles Werkstück W2 gezeigt, und man erkennt, daß der Spannkraftfluß entweder das Werkstück deformiert oder

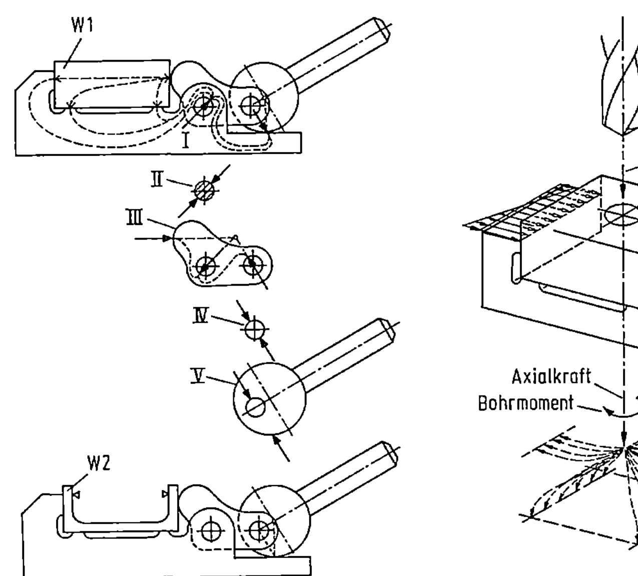

Bild 4.225. Spannkraftfluß in Vorrichtung und Werkstück. I bis V zeigt Kraftangriff an den Vorrichtungselementen, W 1 stabiles Werkstück, W 2 labiles Werkstück.

Bild 4.226. Kraftfluß beim Bohren eines gespannten Werkstücks.

daß an den mit Dreiecken markierten Stellen eine Stützung erfolgen muß. Bild 4.226 veranschaulicht unten den Kraftfluß, der beim Bearbeiten infolge Bohrmoment und Axialkraft durch das Werkstück läuft und sich dem Spannkraftfluß überlagert.

Beim Entwerfen einer Vorrichtung hat man sich immer das mit den Bildern 4.225 und 4.226 dargestellte Geschehen sinngemäß möglichst klar zu machen und nach Möglichkeit rechnerisch zu verfolgen. Krafteinleitung, Kraftverteilung und Kraftlenkung sind relevante Punkte bei der Gestaltung eines Vorrichtungsentwurfs.

Spanneisen werden in vielfältigen Formen zum Spannen auf Maschinentischen benutzt. Man spannt damit einerseits Vorrichtungen, andererseits auch massive stabile Werkstücke, bei denen keine Verspannungsgefahr vorliegt, unmittelbar. Die Spannkraft wird mit Hilfe einer Schraube erzeugt, über das Spanneisen in das Werkstück und ein Unterlagestück geleitet und gemäß dem Hebelverhältnis geteilt, d.h. je näher man die Spannschraube an das Werkstück rückt, um so größer ist der auf das Werkstück wirkende Anteil der Spannkraft. Anordnungen nach den Bildern 4.227 und 4.228 (vgl. DIN 6314 bis 6316) werden besonders zum freien Spannen verwendet. Die Spannklaue nach Bild 4.228 erfordert kein Unterlagestück.

Bild 4.229 zeigt eine hydraulisch betätigte *Spannpratze* mit Federrückzug. Ein Hohlkolbenzylinder ähnlich Bild 4.208 bewirkt die Spannkräfte, die je nach Größe 12 bis 48 kN betragen. Die Bilder

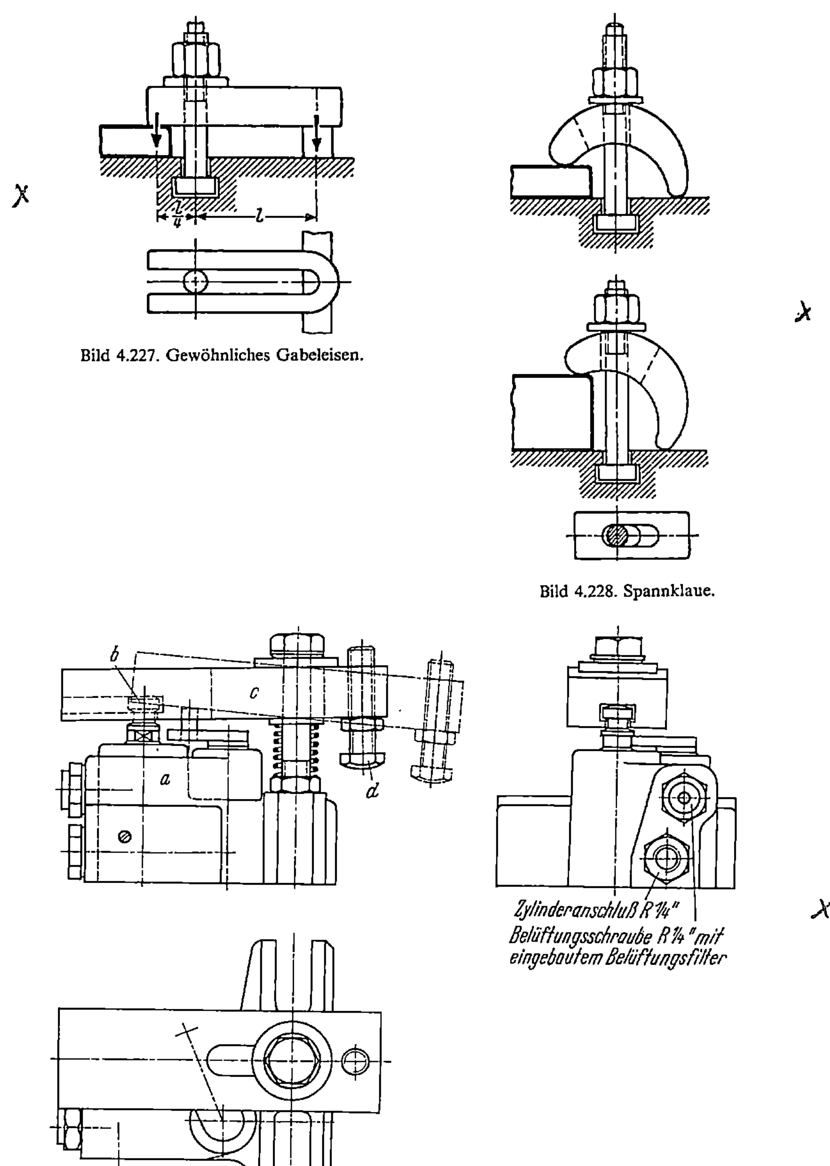

Bild 4.229. Hydraulisch betätigte Spannpratze (System Römheld). *a* Hydrozylinder, *b* Druckstempel verbunden mit Drucköllkolben; *c* Spannpratze; *d* einstellbare Druckschraube, die auf Werkstück drückt.

4.230 bis 4.241 zeigen Sonderformen von Spanneisen, die einen sehr großen Variantenreichtum, erkennen lassen. In Bild 4.232 ist z.B. eine Spannklaue dargestellt, bei der alle Einzelteile zusammenhängen. Sie kann daher mit einer Hand betätigt werden. Ähnlich arbeitet das Spanneisen nach Bild 4.233. Weitere raumsparende und schnell

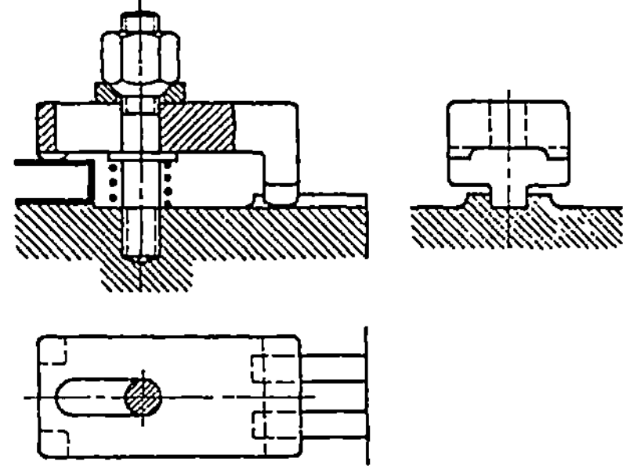

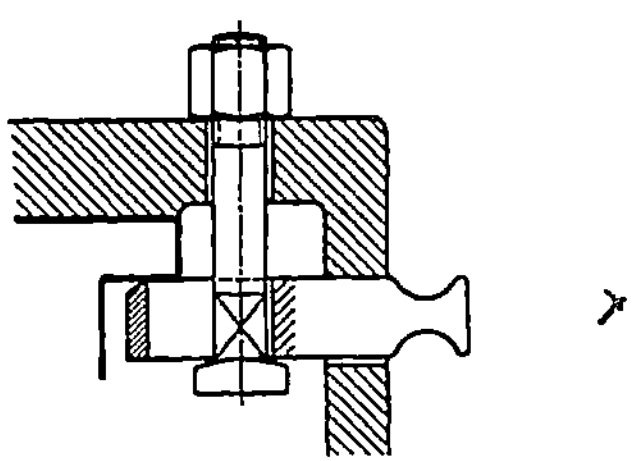

Bild 4.230. Sonderspanneisen.

Bild 4.231. Spanneisenanordnung
am Vorrichtungskörper.

zu betätigende Ausführungen zeigen die Darstellungen 4.234 bis
4.238. Der Schnellspanner nach Bild 4.239 mit prismatischem Aufsatz spannt ein zylindrisches Teil. Höhenverstellbare Lösungen sind
in den Bildern 4.240 und 4.241 gezeigt. Eine etwaige Schräglage von
Spanneisen ist möglichst mittels Kugelscheibe und Pfanne nach DIN
6319 auszugleichen.

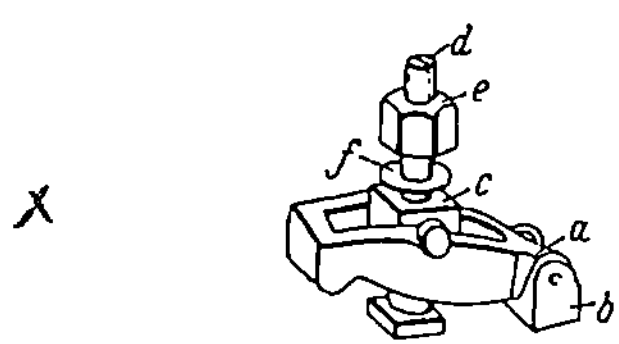

Bild 4.232. Spannklaue mit gelenkig verbundenen Einzelteilen. *a* Nase mit kugeliger Unterseite, *b* angelenkter
Bock, *c* Vierkant, *d* Spannschraube, *e* Spannmutter,
f Unterlegscheibe mit kugeliger Unterseite.

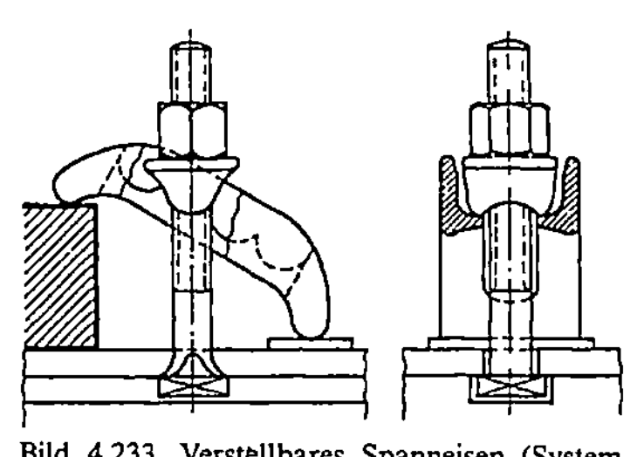

Bild 4.233. Verstellbares Spanneisen (System
Heuer).

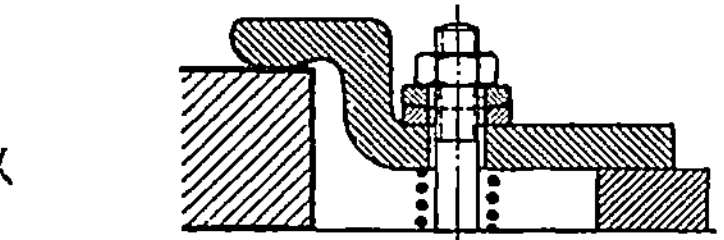

Bild 4.234. Gekröpftes Spanneisen.

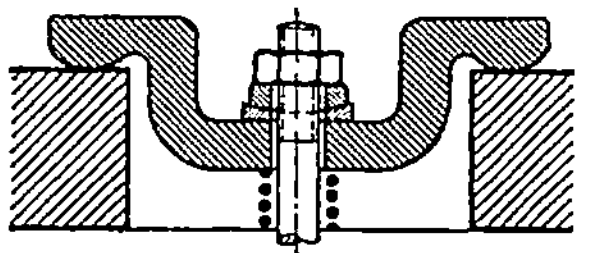

Bild 4.235. Gekröpftes Spanneisen
für Doppelspannung.

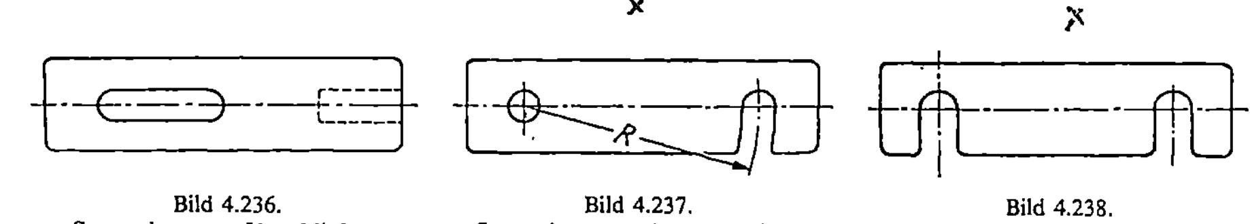

Bild 4.236.
Spanneisen zum Verschließen.

Bild 4.237.
Spanneisen zum Ausschwenken.

Bild 4.238.
Spanneisen zum Abnehmen.

70

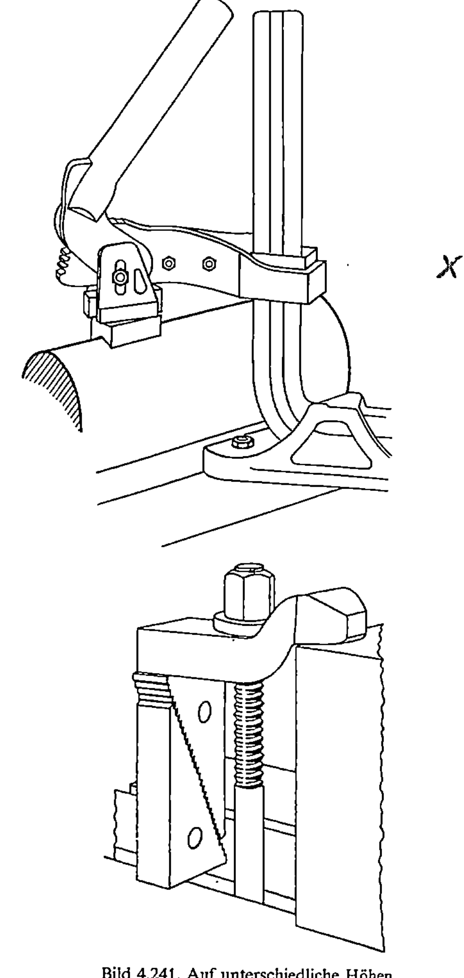

Bild 4.239. Schnellspanner (System Bessey).

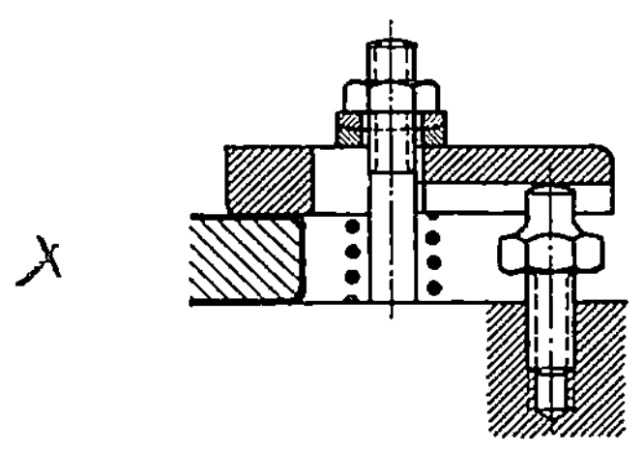

Bild 4.240. Spanneisen, am Vorrichtungskörper einstellbar angebracht.

Bild 4.241. Auf unterschiedliche Höhen
einstellbares Spanneisen.

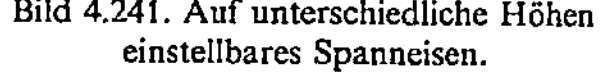

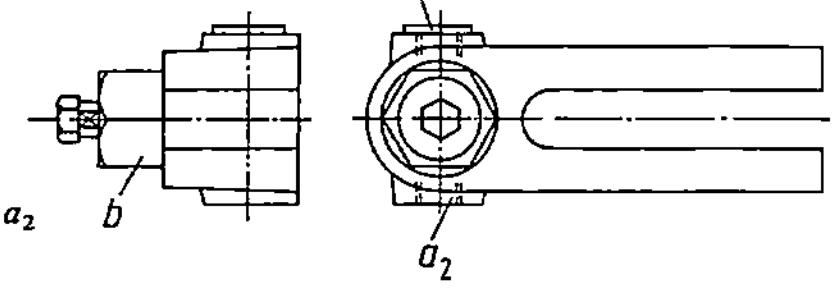

Bild 4.242. Gabelspannzylinder (System Römheld). a_1, a_2 b
wahlweise Luftanschlüsse, b Entlüftung.

Für automatisch zu bedienende, d.h. fernsteuerbare Spannelemente zum Kraftverteilen (z.B. an NC-Maschinen) kommt als An-
trieb primär die Hydraulik in Betracht. Bild 4.242 zeigt einen ein-
fachwirkenden hydraulischen *Gabelspannzylinder* (Gabelspannei-
sen) mit Federrückzug für einen Betriebsdruck von 500 bar [15]. Der
Zylinder hat zwei Druckanschlüsse, womit sich mehrere Elemente in

Reihe anordnen lassen. Bei Einzelgebrauch wird ein Anschluß verschlossen. Der Spanner funktioniert in allen Lagen, wie aus Bild 4.243 hervorgeht: Über Kopf, an einem Spannwinkel, zusammen mit einer Spannpratze.

Einen *Schwenkspanner* zeigen die Bilder 4.244 und 4.245. Der einfachwirkende Hydrozylinder schwenkt bei Betätigung zunächst die Spannpratze durch Drehung des Kolbens über das Werkstück in die Spannstellung und fährt anschließend abwärts zum Spannen. Beim Entspannen sorgt die Feder c sowohl für den Rückzug des Kolbens, als auch für das Herausschwenken der Spannpratze, wodurch der Zugang zum Werkstück freigemacht wird. Der Schwenkwinkel beträgt 90° und kann nach beiden Seiten ausgeführt werden. Drei verschiedenartige Spannpratzen stehen zur Verfügung (Bild 4.244). Ihre niedrige Bauhöhe gestattet einen vielseitigen Einsatz, ähnlich Bild 4.243. Einen Anwendungsfall zum Pendelfräsen auf einem NC-Bearbeitungszentrum zeigt 4.246 mit dem entsprechenden Hydroplan. Wie dort ersichtlich, wird zunächst über das 3/2-Wegeventil die Betätigung der beiden Schwenkspanner je Station eingeleitet und nach erfolgter Spannung über das Zuschaltventil das Abstützelement ausgefahren. Nach dem Entspannen sind die Werkstücke frei zugänglich [15].

Ebenfalls fernsteuerbar, jedoch in mechanisch anderer Weise arbeitet die Hydro-Automatik-*Spannlasche* (Spannpratze) [12] nach

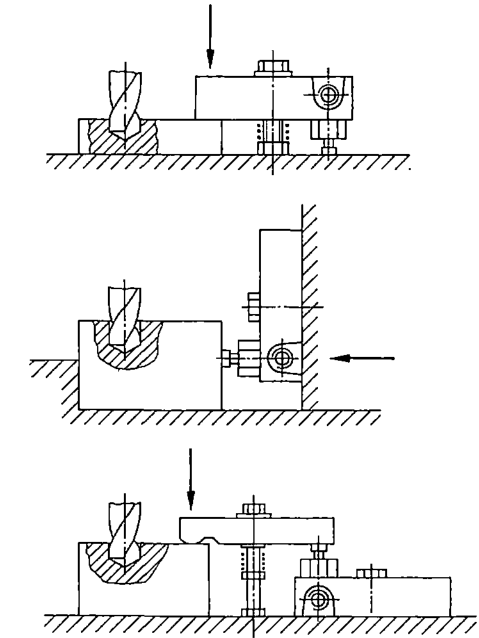

Bild 4.243. Anwendungsbeispiele des Gabelspannzylinders (System Römheld).

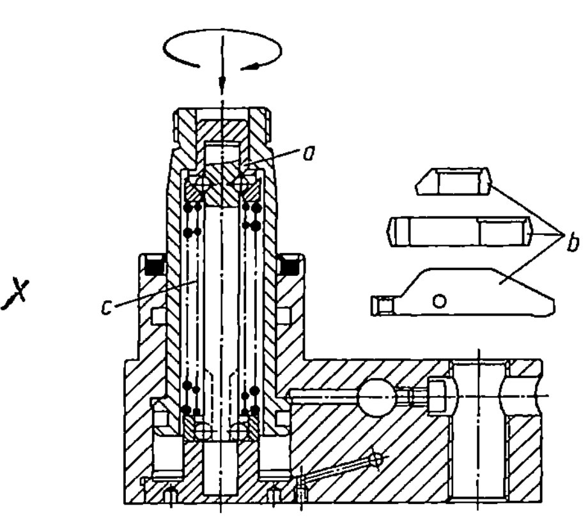
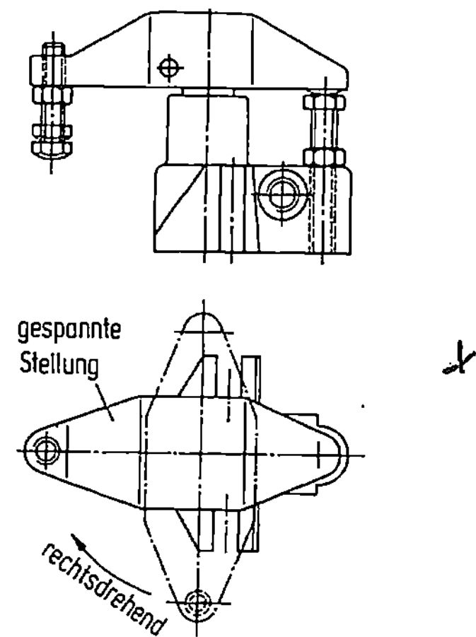

Bild 4.244. Hydraulischer Schwenkspanner (System Römheld). *a* Spannkolben, *b* verschiedene Ausführungen von Spannpratzen, *c* Feder.

Bild 4.245. Kompletter Schwenkspanner, eingeschwenkt zum Spannen (System Römheld).

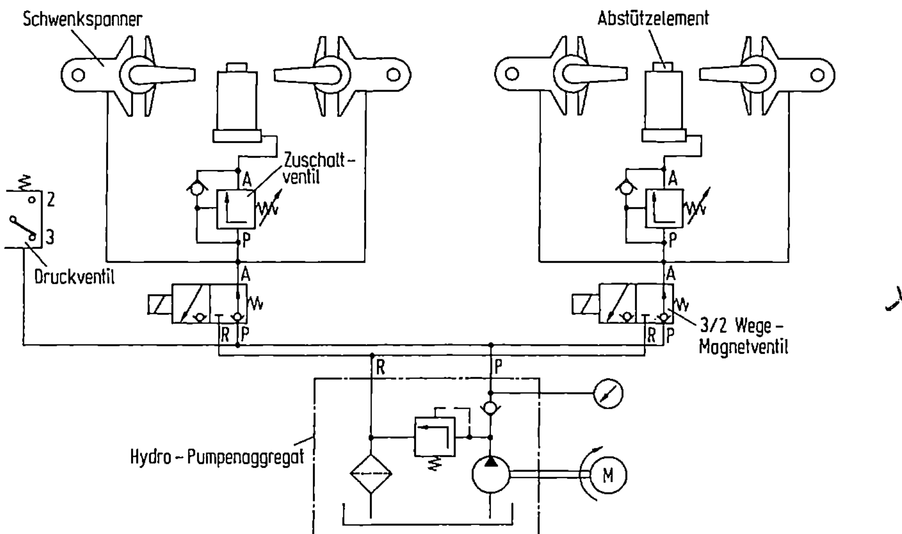

Bild 4.246. Hydroplan für den Einsatz von vier Schwenkspannern im Pendelverfahren an einem NC-Bearbeitungszentrum [15].

Bild 4.247. Das eigentliche Spannelement wird hier nicht geschwenkt, sondern in seiner Längsrichtung seitlich verschoben, wodurch der Zugang zum Werkstück gleichfalls freigemacht wird. Auch dieses Element läßt sich entsprechend Bild 4.243 unterschiedlich anbauen und kann auch – mehrfach eingesetzt – zentral gesteuert werden, ähnlich dem Hydroplan Bild 4.246.

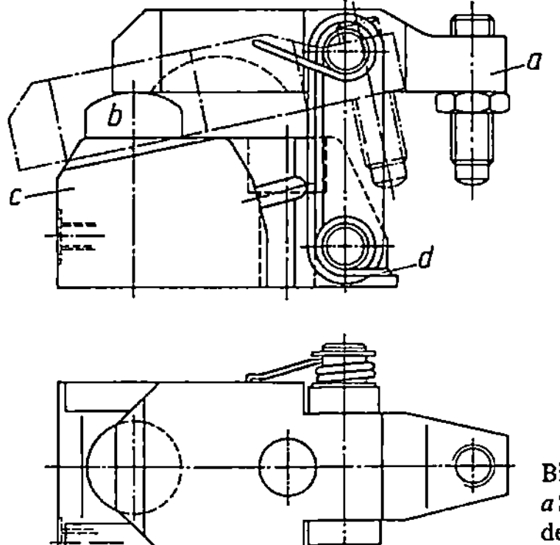

Bild 4.247. Hydro-Automatik-Spannlasche (System Peiseler). *a* Spannlasche, *b* Spannkolben, *c* Druckzylinder, *d* Rückholfeder, -- Lasche in Spannstellung, --- Lasche in entspannter Stellung.

Durch geeignete Formgebung der Spanneisen kann man flache Teile, wie z.B. Platten, durch Kraftumlenkung spannen, wobei eine Komponente gegen die Unterlage gerichtet ist (Bilder 4.248 bis 4.251). Diese, auch *Tiefspanner* genannten Elemente gibt es auch als Hydro-Tiefspanner, einfachwirkende mit Federrückzug, für Betriebsdrücke bis 500 bar. Die gegen die Unterlage geneigte Zylinderachse bewirkt die Umlenkung der Spannkraft (Bild 4.252). Eine Möglichkeit zur Reihenanordnung von sechs oder mehr Zylindern zum Spannen längerer Werkstücke bei zentraler Betätigung zeigt Bild 4.253.

Bild 4.248

Bild 4.249

Bilder 4.248 und 4.249. Spanneisen als Kraftumlenker.

Bild 4.250. Spanneisen als Kraftumlenker zum Spannen von flachen Werkstücken.

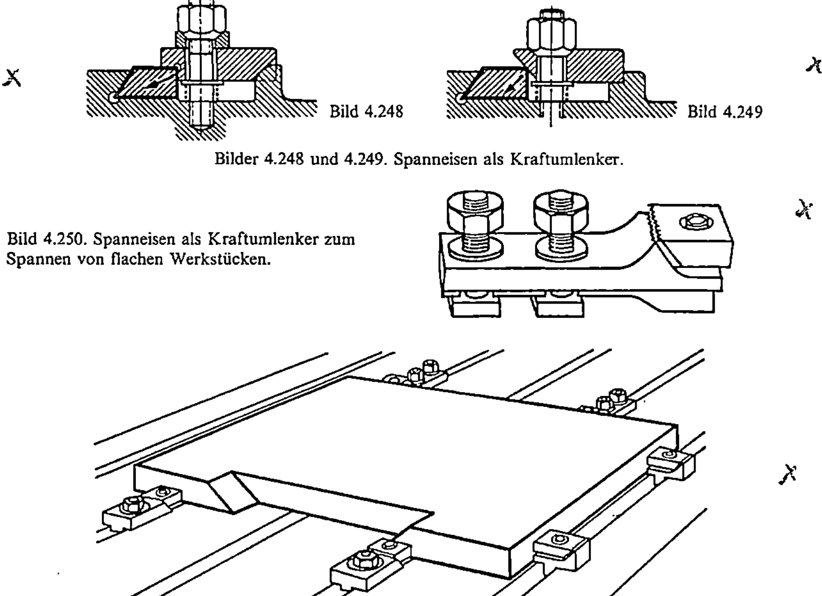

Bild 4.251. Anwendung von Spanneisen nach Art der im Bild 4.250 gezeigten Ausführung zum Spannen von Platten.

74

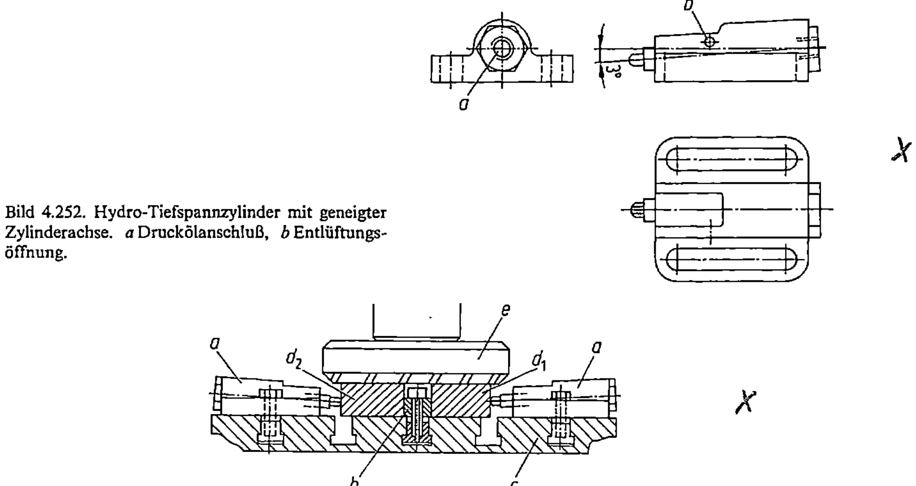

Bild 4.252. Hydro-Tiefspannzylinder mit geneigter Zylinderachse. *a* Druckölanschluß, *b* Entlüftungsöffnung.

Bild 4.253. Möglichkeit zur Reihenanordnung für mehrere Tiefspannzylinder beim Fräsen langer Werkstücke. *a* Tiefspannzylinder in Tischnut angeordnet, *b* Spannleiste in Führungsnut des Tisches, *c* Fräsmaschinentisch, d_1 und d_2 Werkstücke, *e* Fräswerkzeug.

Gegenüber den anfangs beschriebenen einfachen Spanneisen bieten die Hydro-Spannelemente mehrere Vorteile: leichte, schnelle und zentrale Bedienbarkeit, freier Zugang bei Werkstückwechsel, an allen Spannstellen gleiche Spannkraft (vgl. Bild 4.261), wählbare Spannkraft durch Öldruckeinstellung, Fernsteuerbarkeit, Automatisierbarkeit.

Konstruktive Lösungen für das Verteilen der Spannkraft über tellerförmige Teile zeigen die Bilder 4.254 und 4.255. Man beachte dabei, daß der Kraftfluß auf dem kürzesten Wege durch das Werkstück in die Stützpunkte geleitet wird. Diese Grundregel kann auch

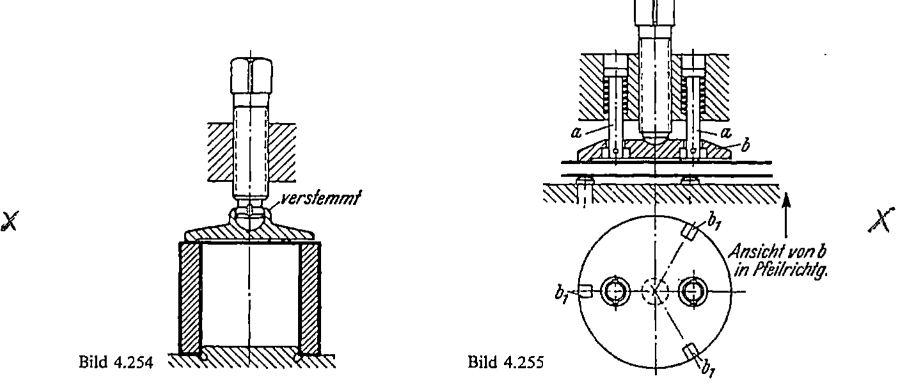

Bilder 4.254 und 4.255. Schrauben mit Kraftverteilungstellern. *a* Federbolzen, *b* Teller, b_1 Auflagepunkte.

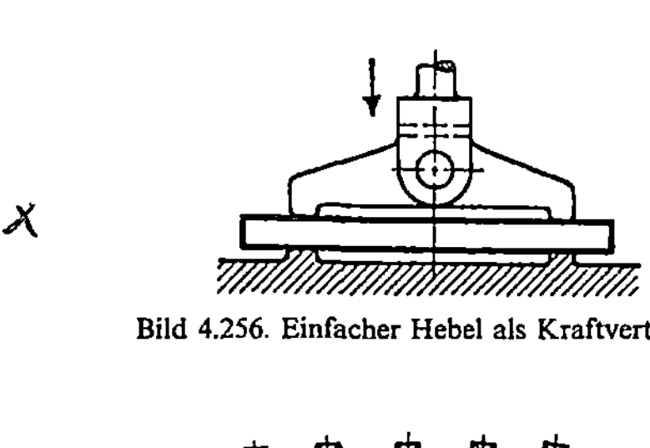

Bild 4.256. Einfacher Hebel als Kraftverteiler.

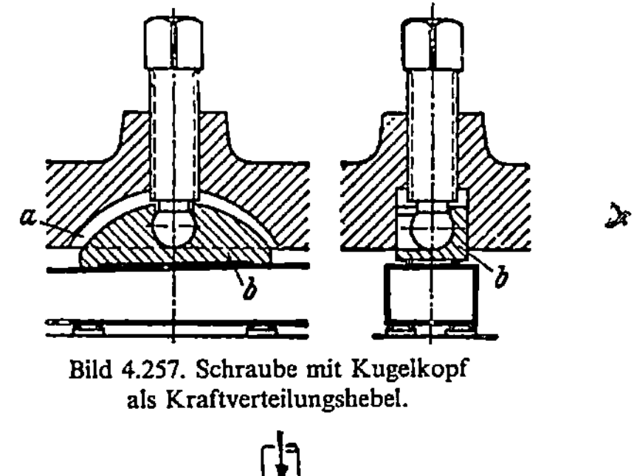

Bild 4.257. Schraube mit Kugelkopf
als Kraftverteilungshebel.

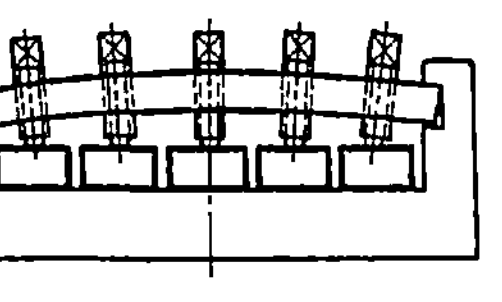

Bild 4.258. Spannen mehrerer Teile
ohne Kraftverteiler.

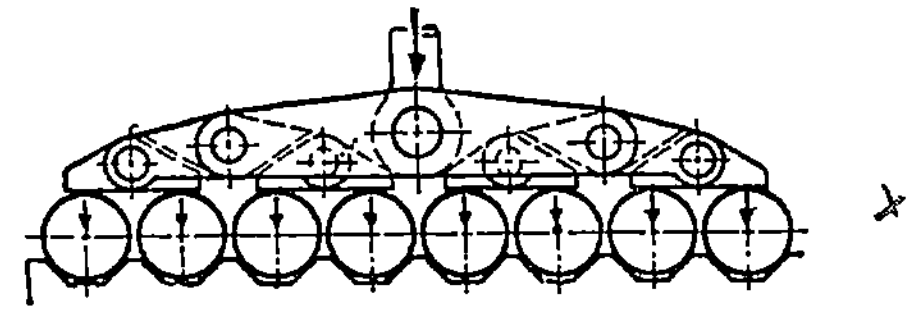

Bild 4.259. Kraftverteiler für acht Werkstücke.

an den Kraftverteilern nach den Bildern 4.256 und 4.257 erkannt werden. Bei der Anordnung des Bildes 4.257 wird in der Ausfräsung *a* des Vorrichtungskörpers der Spannhebel *b* seitlich geführt und begrenzt. Die Montage erfolgt in der Weise, daß die Schraube zunächst ganz hindurch gedreht wird, der Hebel seitlich auf den Kugelkopf gesteckt, und dann die Schraube in die Arbeitslage zurückgedreht wird.

Aus dem Vergleich der Bilder 4.258 und 4.259 geht die unterschiedliche Wirkweise der Spannung ohne und mit Kraftverteilung hervor. Ohne Kraftverteiler muß jede Schraube einzeln betätigt wer-

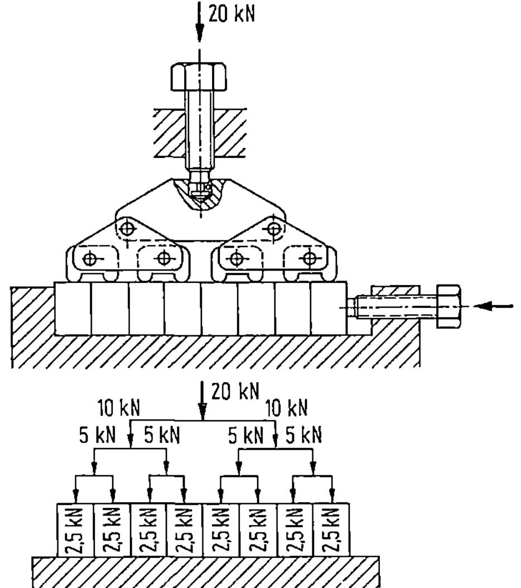

Bild 4.260. Aufteilung der Spannkräfte bei einem mechanischen Achtfachspanner mit Spannhebeln.

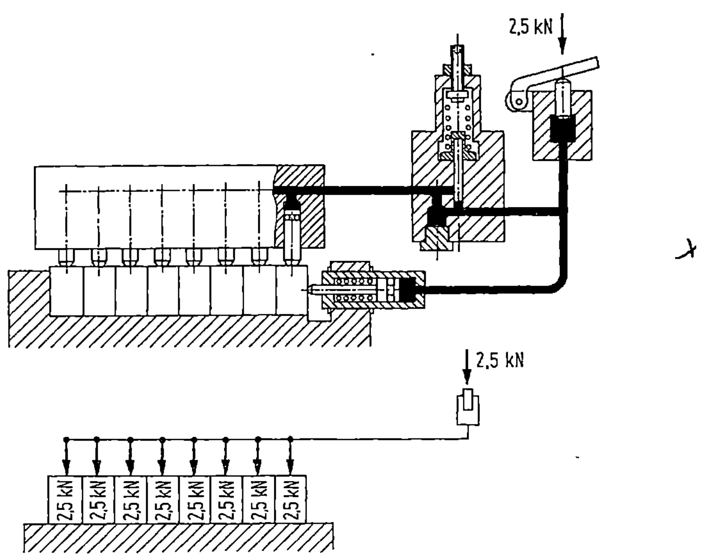

Bild 4.261. Konstante Spannkräfte bei einem hydraulischen Mehrfachspanner. Die aufzubringende Antriebskraft beträgt nur ein Bruchteil von derjenigen gemäß Bild 4.260.

den, und man erreicht keine gleichmäßige Kraftwirkung am einzelnen Werkstück. Die Aufteilung der Spannkräfte beim mechanischen Kraftverteiler ist aus Bild 4.260 ersichtlich. Im Gegensatz dazu bleibt bei hydraulischer Kraftverteilung die Spannkraft an allen Spannstellen konstant (Bild 4.261).

Kraftumlenkungen mittels Hebeln, Exzentern und Keilen gehen aus den Bildern 4.262 bis 4.268 detailliert hervor. Mit einer Anordnung gemäß Bild 4.264 wird die Spannkraft in die Richtung D nach unten umgelenkt, so daß das Werkstück richtig in die Anlage gespannt wird. Beim Anziehen der Spannschraube a bewegt sich die Spannfläche b des Hebels um den Bolzen c etwas auf dem Kreisbogen d wodurch sich die Spannkraft unter dem Reibwinkel ϱ nach unten einstellt. Eine Kraftverteilung von einer Stelle aus auf vier Spannflächen geht aus Bild 4.268 hervor.

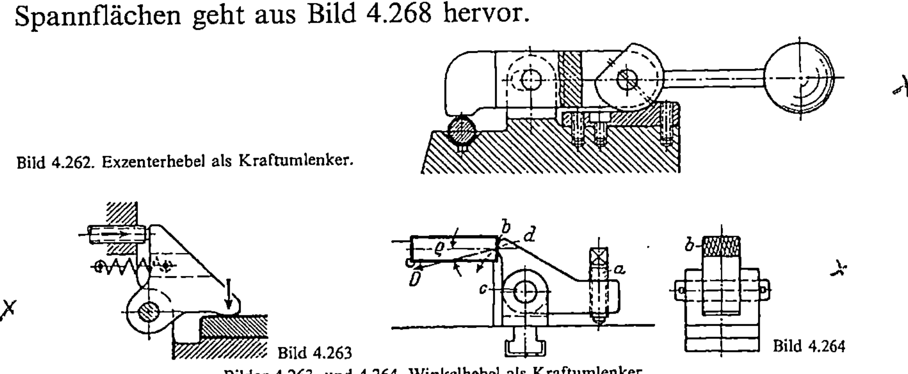

Bild 4.262. Exzenterhebel als Kraftumlenker.

Bild 4.263

Bild 4.264

Bilder 4.263. und 4.264. Winkelhebel als Kraftumlenker.

77

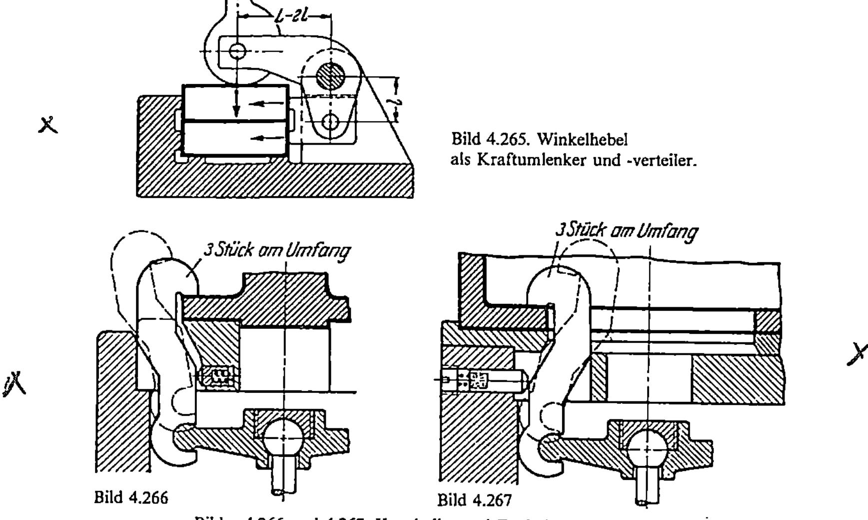

Bild 4.265. Winkelhebel als Kraftumlenker und -verteiler.

Bild 4.266   Bild 4.267

Bilder 4.266 und 4.267. Kugelteller und Zughaken als Kraftverteiler.

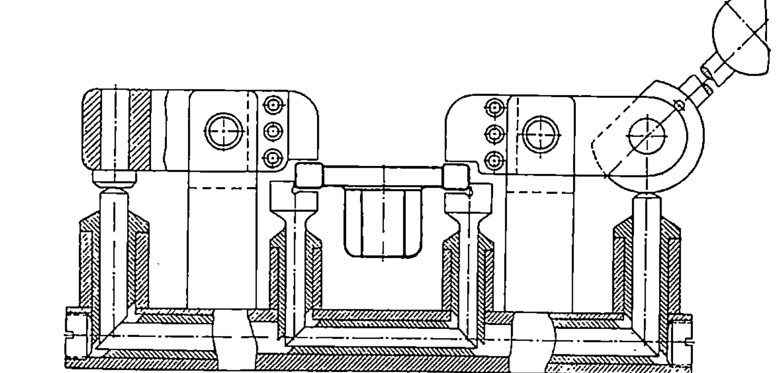

Bild 4.268. Kraftverteilen und -umlenken durch Keile.

4.4 Stützen, Unterstützen, Anschlagen

Beim *Bestimmen* (Positionieren) geht es wesentlich um die definierte Einschränkung von Freiheitsgraden eines Werkstücks bezüglich festgelegter Bezugsebenen, um Maße und Toleranzen, die mit der Vorrichtung hergestellt werden sollen, sicherzustellen. Beim *Stützen* geht es vornehmlich darum, die Spannkräfte und Bearbeitungskräfte über die Bestimmpunkte hinaus mit zusätzlichen Stützpunkten abzufangen. Bestimmen und Stützen sind also gerätetechnisch nicht streng trennbar, dem Wesen nach aber zweierlei. Die Unterscheidung in Bestimmen und Stützen geschieht deshalb, um die über die theoretische Minimalzahl an Bestimmpunkten hinaus mit zusätzlichen, oft beweglichen und einstellbaren Elementen erfolgende

78

Stützung zu charakterisieren. Das betrifft vor allem labile, zum Schwingen neigende Werkstücke. Die Stützung darf die vorausgegangene Bestimmung nicht verändern und soll das Werkstück nicht deformieren.

In Bild 3.2 ist der Stützvorgang als Zustandsdifferenz Z3−Z4 an der vierten Black-Box dargestellt. Man kann sich den Vorgang des Stützens also nach dem Spannen vorstellen, aber es sind auch Varianten denkbar; z.B. könnte man leicht spannen, dann stützen und dann festspannen oder: bestimmen, dann leicht stützen, dann festspannen und voll stützen, u.s.w. Die Funktionsgliederung nach Bild 3.2 zeigt also nur den einfachen Fall.

Die Stützpunkte müssen entweder für jedes Werkstück derselben Serie − den kleineren Unterschieden entsprechend − neu eingestellt, oder falls sie selbsttätig wirken, nach Anlage am Werkstück festgestellt werden können. Auch die selbsttätig ausgleichend wirkenden Bestimmpunkte sind gleichzeitig Stützpunkte, weil damit z.B. auf mehr als drei Punkten in einer Ebene die Beanspruchung infolge Spannung und Bearbeitung gleichmäßig verteilt werden kann.

Gleichmäßig verteiltes Stützen durch pneumatisch an eine Werkstückkontur mit geringer Kraft herangefahrene Bolzen, die dann mit Hilfe eines Öldrucks festgestellt werden, ist in Bild 4.269 dargestellt. Die gekrümmte Turbinenschaufel (oben) wird bei der Bearbeitung weniger zum Schwingen angeregt, als wenn sie nur auf einigen Bestimmpunkten liegen würde.

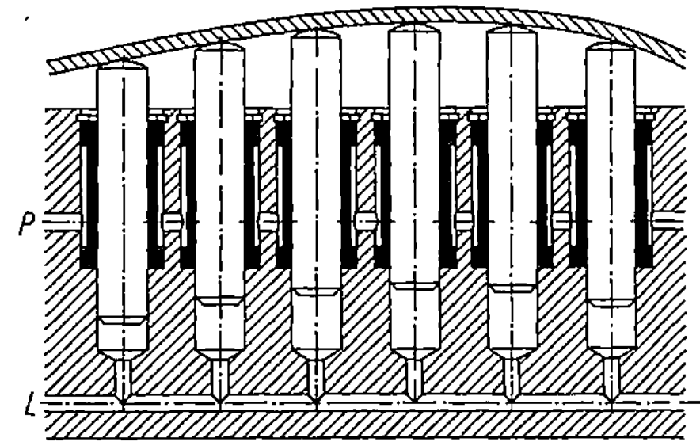

Bild 4.269. Gleichmäßig verteiltes Stützen einer Turbinenschaufel (oben) durch pneumatisch herangefahrene Bolzen, die anschließend durch Klemmhülsen hydraulisch festgespannt werden. *L* Luftanschluß, *P* Druckö{l}anschluß. (System Kostyrka [32]).

4.4.1 Auflagebedingungen

Rohe Werkstücke läßt man nur auf Punkten aufliegen, bearbeitete auf Flächen, die durch Aussparen verkleinert werden können. „Punktauflage" bedeutet immer, daß sich das Stütz- oder Bestimmorgan in das Werkstück so weit eindrückt, bis Gleichgewicht zwischen Spannkraft und Stützkraft herrscht.

Die Zahl der festen Stützpunkte darf in einer Ebene höchstens drei sein. Jeder einzelne Stützpunkt kann jedoch in zwei bis drei bewegliche Punkte aufgelöst werden. Darüber hinaus können weitere sich einstellende Stützpunkte angeordnet werden (z.B. Bild 4.269). Nachgiebige Werkstücke müssen an Stellen, an denen größere Spann- und Bearbeitungskräfte auftreten, unterstützt werden, so, daß oft mehr als drei Stützpunkte nötig sind.

Beispiel:

Einpunktauflage. Sofern für ein Werkstück in einer bestimmten Ebene ein Stützpunkt ausreicht, weil es z.B. in seiner Richtung durch andere Elemente (Anschläge) bestimmt ist, braucht dieser Stützpunkt das Werkstück nur an einer Stelle zu berühren (Bild 4.270). Ist jedoch eine Einpunktunterstützung nicht möglich, oder nicht sinnvoll, so kann der feste Stützpunkt a in zwei bis drei bewegliche, um ein Zentrum kippbare Stützpunkte a_1, a_2, a_3 aufgelöst werden und sich damit dem Werkstück anpassen (Bild 4.271).

Zweipunktauflage. Lange Werkstücke können in der Regel nur durch zwei feste Punkte unterstützt werden. Die senkrechte Richtung wird dann anderweitig bestimmt. Das Bild 4.272 zeigt einen auf zwei festen Punkten gestützten Hebel. In Bild 4.273 ist der Punkt a durch eine Wippe in zwei Punkte a_1 und a_2 zerlegt. Falls erforderlich, könnte auch Punkt b in zwei Punkte zerlegt werden.

Dreipunktauflage. Drei Stützpunkte werden am besten in einem gleichseitigen Dreieck angeordnet. Sie werden bevorzugt, wenn die

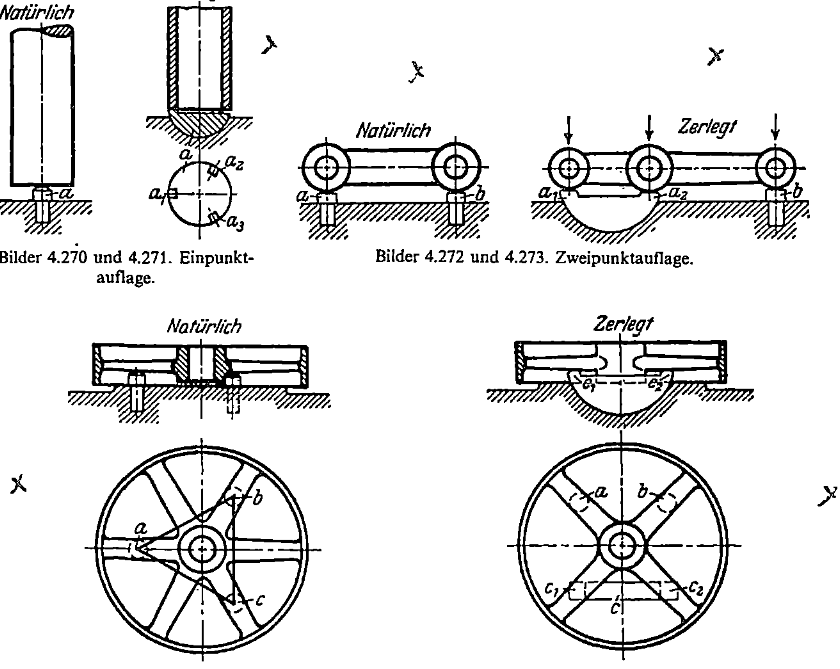

Bilder 4.270 und 4.271. Einpunktauflage.

Bilder 4.272 und 4.273. Zweipunktauflage.

Bilder 4.274 und 4.275. Dreipunktauflage.

Form des Werkstücks auf eine Dreipunktauflage hinweist. Auch hier ist eine weitere Auflösung der Punkte möglich (Bilder 4.274 und 4.275).

Die Auflösung fester Stützpunkte in bewegliche, durch Wippen bzw. Kugelflächen, hat im FBS-Vorrichtungssystem der Fa. DE-STA-CO [24] eine interessante Ausbildung und Weiterentwicklung erfahren. Mit dem Grundprinzip der sich selbst einstellenden Kugelauflage kann man ein Werkstück in allen drei Ebenen bestimmen und festspannen, ohne daß ein nennenswertes Verspannen erfolgt. Auflageflächen, Paßschrauben und Anschläge sind dazu mit Kugelflächen ausgestattet, ebenso die höhenverstellbaren Stütz- und Spannelemente. Die Wirkweise des Systems geht aus Bild 4.276 hervor. Die Kugelstützpunkte und Spannpunkte passen sich Werkstückkrümmungen weitgehend an. Der beim herkömmlichen Spannen auftretende Verzug führt dazu, daß nach Entspannung das Werkstück eine größere Deformation an der im gespannten Zustand bearbeiteten Fläche aufweist (linke Bildhälfte). Auf der rechten Bildhälfte ist die bearbeitete Fläche nach dem Entspannen weitgehend eben, es können sich nur durch die Bearbeitung eventuell freigewordene Eigenspannungen auswirken.

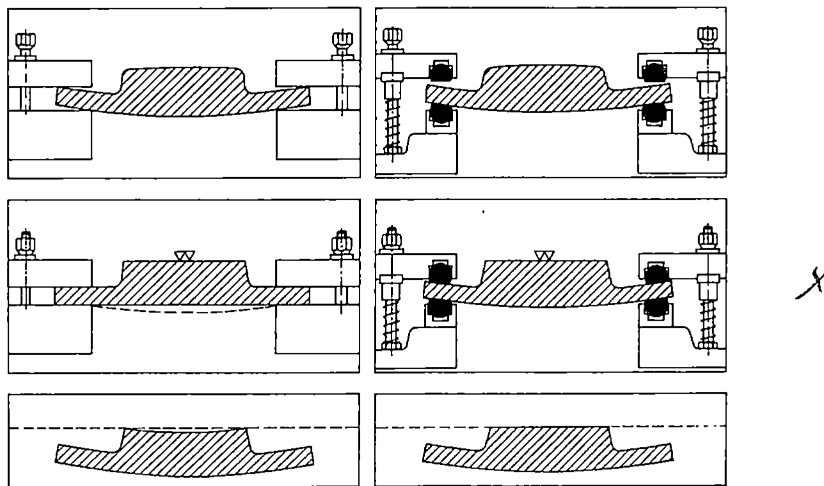

Bild 4.276. Die Aufnahme gekrümmter Werkstücke in festen Stützen führt nach der Bearbeitung zu Deformation (linke Seite). Bewegliche Stützpunkte (System DE-STA-CO) vermeiden diesen Fehler.

4.4.2 Ausführung der Stützen

Man kann nach den geometrischen Formen bei *festen Stützen* unterscheiden in

– Kuppenstützen: Bild 4.277
– Kammstützen: Bild 4.278

- Flachstützen: Bild 4.279
- Schraubenstützen mit Ausgleichsmöglichkeiten bei Werkstückunterschieden: Bild 4.280
- Pendelstützen in unterschiedlicher Ausführung: Bilder 4.281 bis 4.283
- Aufnahmestützen, die zugleich bestimmen und zentrieren: Bild 4.284

Bei den *beweglichen Stützen* sind die von Hand betätigten mit verschiedenen Nachteilen behaftet: Sie müssen besonders bedient werden (Zeit!), und sie können bei der Anwendung der Vorrichtung in der Betätigung vergessen werden. Zur Vermeidung dieser Fehler sind die Stützen gut sichtbar und gut zugänglich anzuordnen. Bild 4.285 zeigt eine Ausführung.

Wippen zählen zu den beweglichen Stützen und wirken zuverlässig, wenn h im Verhältnis zu R nicht zu klein gewählt wird. Sonst kann der Reibwiderstand nicht überwunden werden, d.h. auch bei noch so großer Kraft stellt sich die Wippe nicht ein (Phänomen des Reibkreises!). Es sollte $h = 2/3R$ nicht unterschritten werden, bes-

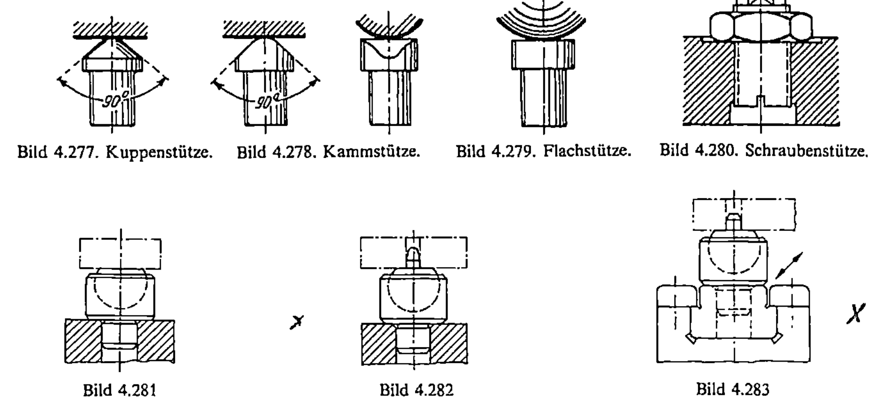

Bild 4.277. Kuppenstütze.   Bild 4.278. Kammstütze.   Bild 4.279. Flachstütze.   Bild 4.280. Schraubenstütze.

Bild 4.281   Bild 4.282   Bild 4.283

Bild 4.281. Flache Pendelstütze.

Bild 4.282. Pendelstütze mit Fixierstift, fest.

Bild 4.283. Pendelstütze mit Fixierstift, beweglich im Quer- bzw. Längsschieber.

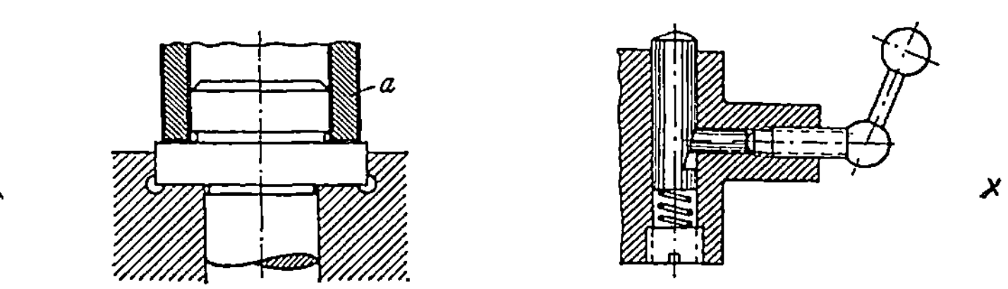

Bild 4.284. Aufnahmestütze. *a* Werkstück.   Bild 4.285. Bewegliche Stütze.

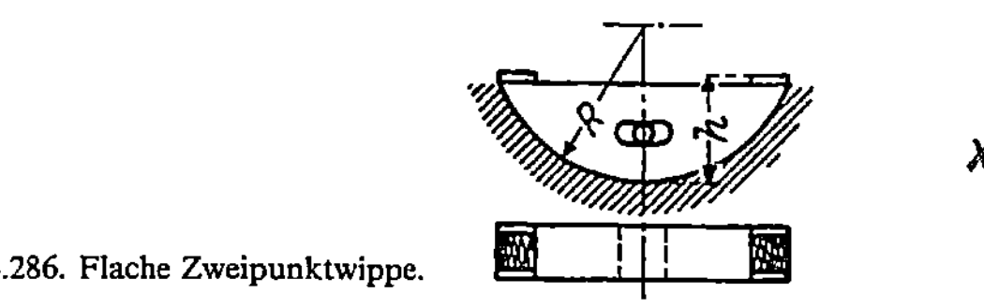

Bild 4.286. Flache Zweipunktwippe.

ser ist, $h = R$ zu wählen, was jedoch nicht immer möglich ist (Bild 4.286).

In Bild 4.287 ist eine konstruktive Variante mit zwei Federbolzen a dargestellt, wodurch die Auflagepunkte a_1 der Wippe nach oben verlegt werden. Die kugelförmige Ausbildung in Bild 4.288 zeigt eine Dreipunktwippe.

In den Bildern 4.289 bis 4.293 sind *Prismen* als Stützmittel dargestellt. Bild 4.289 läßt erkennen, daß die Bestimmung eines Werkstücks mit einem Stützprisma von den Abmessungen des Werkstücks abhängt. Das heißt, Prismen können als Stützmittel nur dann angewendet werden, wenn die Werkstücke nur geringe Abweichungen untereinander aufweisen. Nur dann ist gewährleistet, daß die Bestimmfehler im Rahmen bleiben. W_1 in Bild 4.289 liegt genau mit seiner unteren Fläche in der Bestimmebene $a\text{-}a$. W_2 liegt zu tief und W_3 ist zu lang und liegt demzufolge etwas zu hoch. Die Punkte 0, um die die beiden Anlagepunkte schwingen, sind also veränderlich. Ähnlich verhält es sich bei Werkstücken runden Querschnitts, die in Prismen gestützt werden. Die Bilder 4.290 bis 4.292 lassen verschiedene Arten der Stützung in Prismen erkennen. Bild 4.293 schließlich zeigt eine Prismenwippe.

Hydraulische Stützen (Bild 4.294) werden zum Abstützen von Werkstücken gegen Vibrationen und Durchbiegungen gebraucht. Sie lassen sich von Hand, aber auch automatisiert betätigen und sind damit zwangsläufig in Funktion.

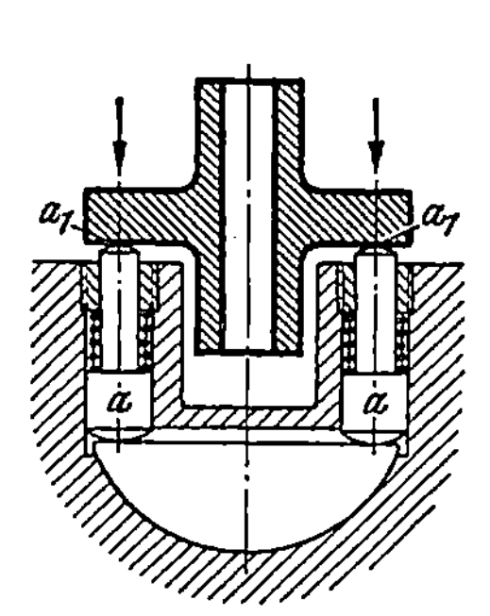

Bild 4.287. Flache Zweipunktwippe
mit Federbolzen.

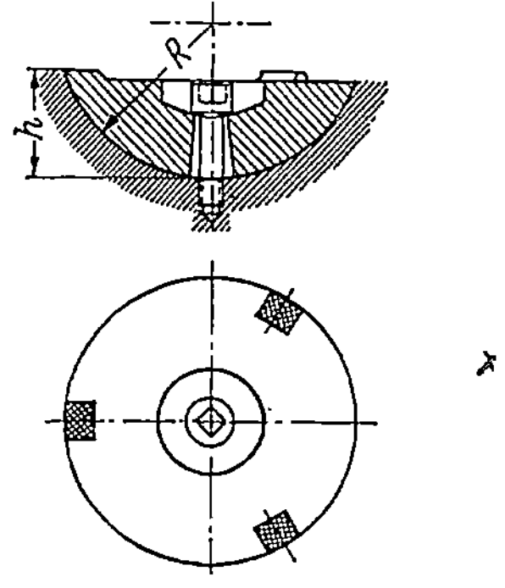

Bild 4.288. Flache Dreipunktwippe
mit Kugelfläche.

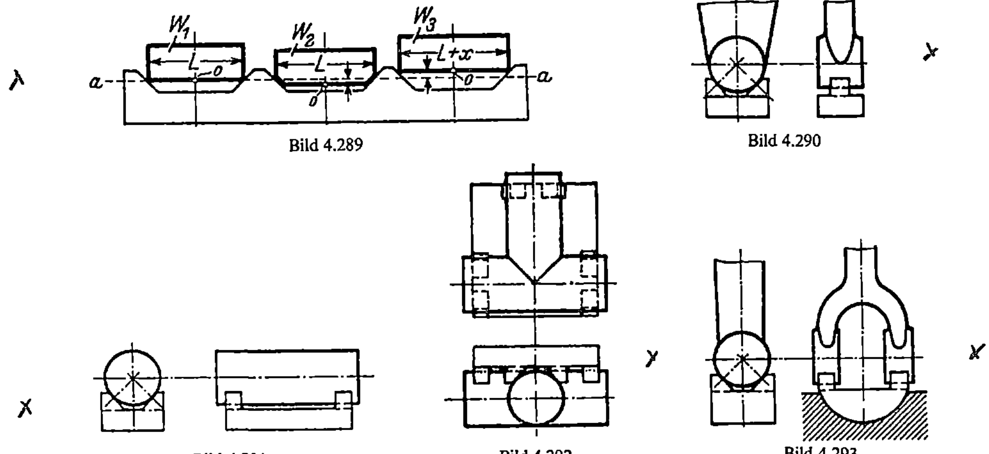

Bild 4.289   Bild 4.290

Bild 4.291   Bild 4.292   Bild 4.293

Bilder 4.289 bis 4.293. Prismen als Auflage.

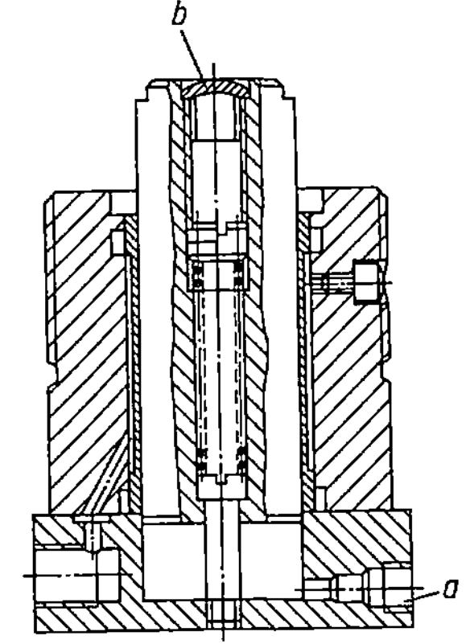

Bild 4.294. Hydraulisches Abstützelement (Bauart Römheld). *a* Sinter-metallfilter im Entlüftungsanschluß, *b* Kunststoffverschlußstopfen gegen Eindringen von Flüssigkeiten.

4.4.3 Anschläge

Anschläge sind – ähnlich wie Stützen! – Bestimmelemente. Wegen ihrer oft seitlichen Anordnung und des beim Daranschieben – d.h. Anschlagen – des Werkstücks kennzeichnenden Bewegungsvorgangs haben sie ihren in der Praxis eingeführten Namen erhalten. Anschlagen ist also immer auch Bestimmen, wobei die Anschläge an den bearbeiteten oder unbearbeiteten Stellen des Werkstücks angreifen können.

Anschläge werden mitunter klappbar, schwenkbar, zurückziehbar usw. ausgeführt, damit das Werkstück nach dem endgültigen Spannen zum Bearbeiten freiliegt bzw. wieder aus der Vorrichtung entnommen werden kann. Die Anschläge müssen in diesen Fällen gut geführt sein. In Bild 4.295 ist ein abgeflachter Anschlagstift zu erkennen, während in den Bildern 4.296 und 4.297 Aufnahmestifte als

84

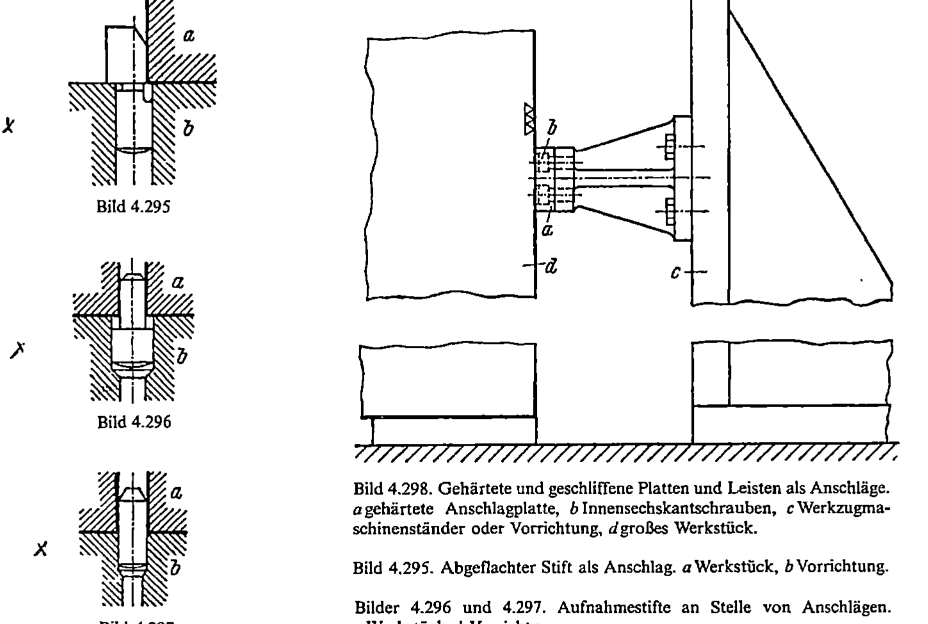

Bild 4.295

Bild 4.296

Bild 4.297

Bild 4.298. Gehärtete und geschliffene Platten und Leisten als Anschläge. *a* gehärtete Anschlagplatte, *b* Innensechskantschrauben, *c* Werkzugmaschinenständer oder Vorrichtung, *d* großes Werkstück.

Bild 4.295. Abgeflachter Stift als Anschlag. *a* Werkstück, *b* Vorrichtung.

Bilder 4.296 und 4.297. Aufnahmestifte an Stelle von Anschlägen. *a* Werkstück, *b* Vorrichtung.

Anschläge wiedergegeben sind, deren Anwendung vorgebohrte Löchter im Werkstück voraussetzt. Sofern bearbeitete Flächen am Werkstück benutzt werden können, empfiehlt es sich, Leisten oder Platten (gehärtet und geschliffen) als Anschläge zu benutzen (Bild 4.298).

Zum Anschlagen können unterschiedlichste Ausführungen der Anschlagformen herangezogen werden: Nasen für Schlitze (Bild 4.299) und Prismenanschläge (Bild 4.300). Federnde Anschläge werden bei Werkstücken mit unterschiedlichen Wandstärken bzw. mit unbearbeiteten Augen, Warzen usw. benutzt (Bilder 4.301 und 4.302).

Einstellbare Anschläge dienen demselben Zweck, sollten jedoch wegen der Fehlermöglichkeiten beim Einstellen möglichst vermieden werden. Schwenkanschläge ermöglichen das Einlegen und Herausnehmen der Werkstücke (Bilder 4.303 und 4.304).

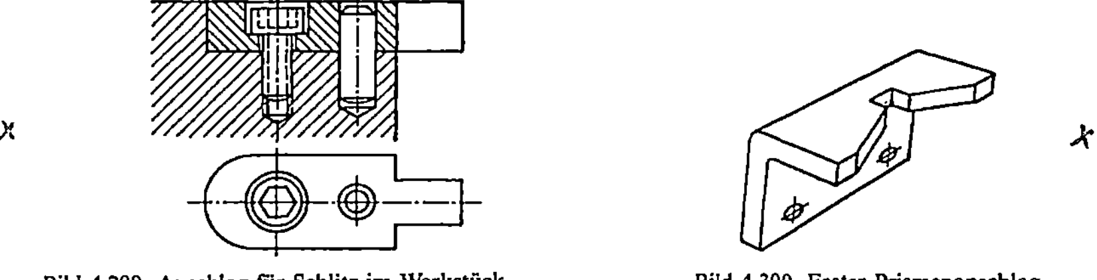

Bild 4.299. Anschlag für Schlitz im Werkstück.

Bild 4.300. Fester Prismenanschlag.

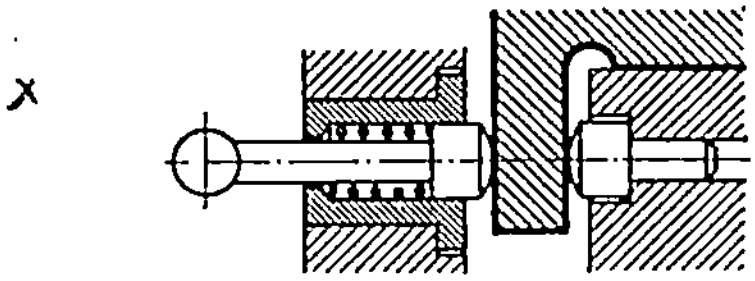

Bild 4.301. Fester und federnder Anschlagbolzen.

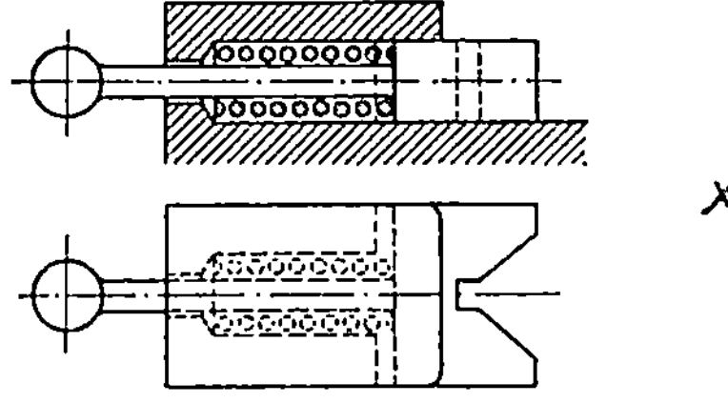

Bild 4.302. Federnder Prismenanschlag.

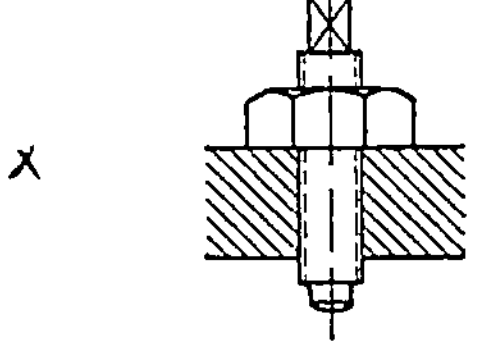

Bild 4.303. Einstellbarer Anschlagbolzen.

Bild 4.304. Schwenkbarer (abklappbarer) Anschlag.

4.5 Verschließen, Teilen und Feststellen, Auswerfen

Damit ein Werkstück bequem in eine Vorrichtung eingelegt werden kann, müssen Teile wie Bohrplatten, Zentrier- und Bestimmorgane oft beweglich, entweder abschwenkbar oder ganz entfernbar sein. Klappen sind mit Lagerzapfen an der Vorrichtung befestigt. Abtrennbare Teile sind z.B. Vorsteckscheiben, Kappen, Bajonettverschlüsse etc., die beim Beladen der Vorrichtung vollständig entfernt werden müssen. Das Festlegen dieser beweglichen Teile für den Arbeitsvorgang sei hier mit *Verschließen* bezeichnet.

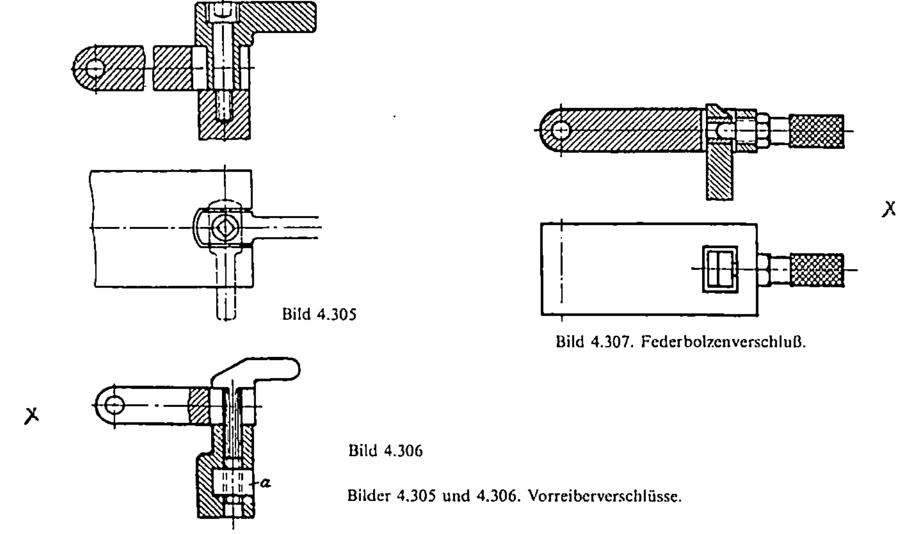

Bild 4.305

Bild 4.307. Federbolzenverschluß.

Bild 4.306

Bilder 4.305 und 4.306. Vorreiberverschlüsse.

86

Man kann zwischen Genauigkeitsverschlüssen und reinen Spannverschlüssen unterscheiden. Zur Erhöhung der Lebensdauer und der Güte von Verschlüssen sind die Verschleißteile in gehärteter Ausführung vorzusehen. Genauigkeitsverschlüsse dienen vorzugsweise an Bohrspannvorrichtungen dazu, Klappen und Deckel in der Arbeitsstellung in genauer Lage festzuhalten.

Als Beispiele zeigen die Bilder 4.305 und 4.306 Vorreiberverschlüsse, 4.307 einen Federbolzenverschluß, 4.308 bis 4.310 Schwenkriegelverschlüsse, 4.311 einen Schubriegelverschluß, 4.312 und 4.313 Schnappverschlüsse, richtig und mangelhaft ausgeführt. Bild 4.314 zeigt einen gut ausgeführten Schnappverschluß.

Spannverschlüsse dienen vorzugsweise zum Festspannen der Werkstücke. Sie sind nicht zur Aufnahme von Bohrbuchsen geeignet, weil ihre Lage nicht exakt zur Vorrichtung definiert ist.

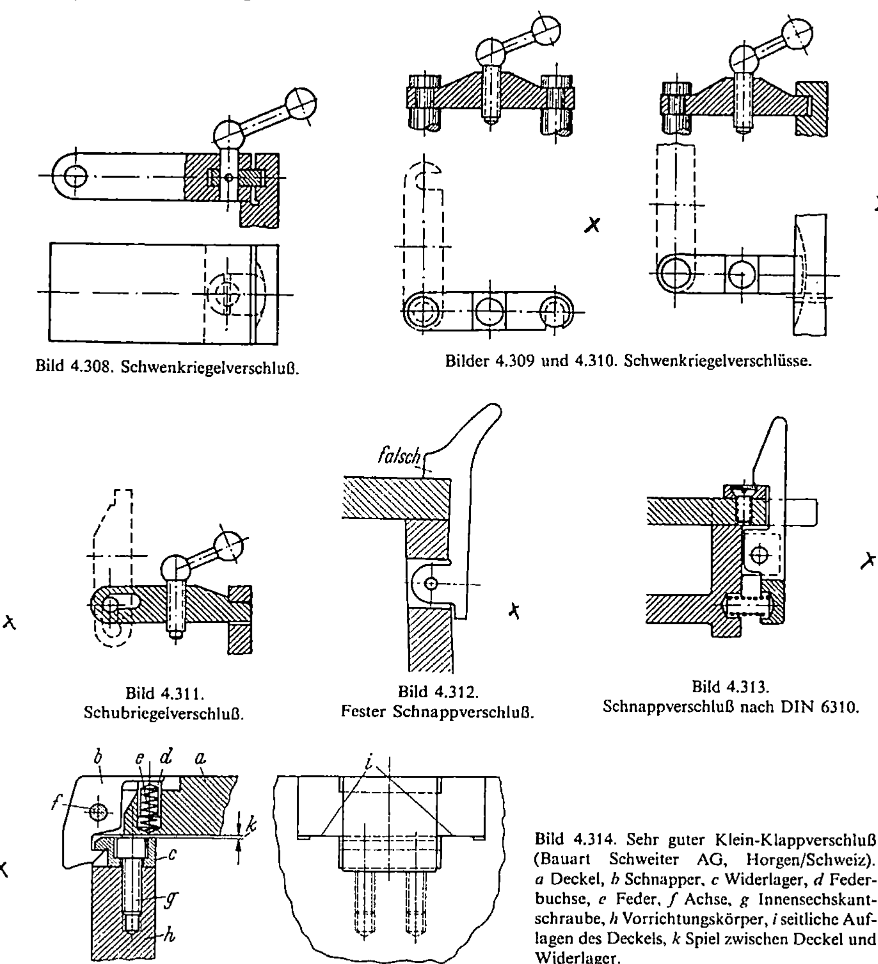

Bild 4.308. Schwenkriegelverschluß.

Bilder 4.309 und 4.310. Schwenkriegelverschlüsse.

Bild 4.311. Schubriegelverschluß.

Bild 4.312. Fester Schnappverschluß.

Bild 4.313. Schnappverschluß nach DIN 6310.

Bild 4.314. Sehr guter Klein-Klappverschluß (Bauart Schweiter AG, Horgen/Schweiz). *a* Deckel, *b* Schnapper, *c* Widerlager, *d* Federbuchse, *e* Feder, *f* Achse, *g* Innensechskantschraube, *h* Vorrichtungskörper, *i* seitliche Auflagen des Deckels, *k* Spiel zwischen Deckel und Widerlager.

Die Bilder 4.315 und 4.316 zeigen Bajonettverschlüsse, 4.317 und 4.318 Klemmverschlüsse, 4.319 zeigt einen Zugexzenterverschluß. Die in den Bildern 4.320 bis 4.324 gezeigten weiteren Verschlüsse runden den Variantenreichtum der Möglichkeiten ab.

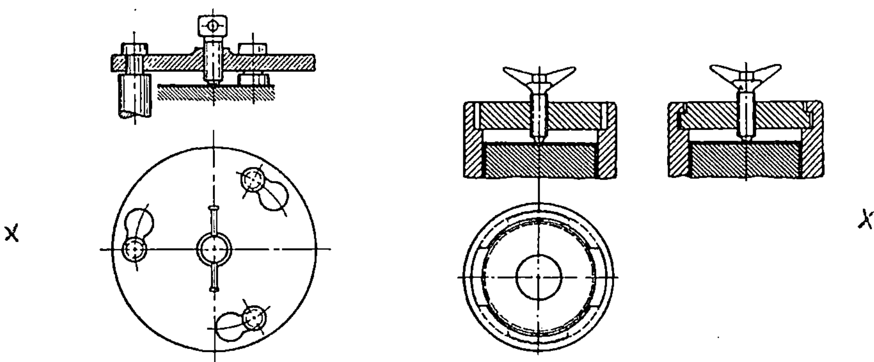

Bilder 4.315 und 4.316. Bajonettverschlüsse.

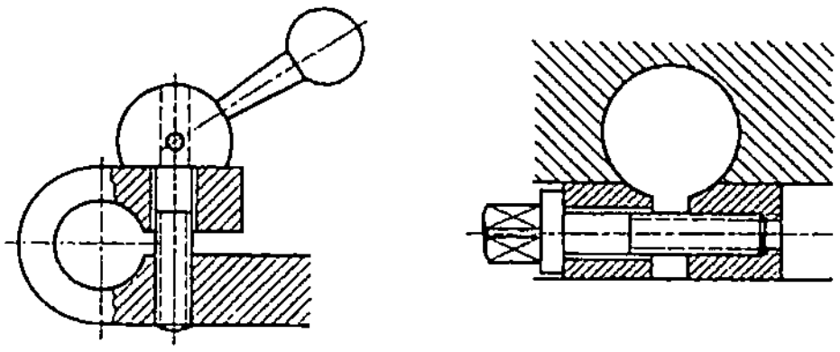

Bilder 4.317 und 4.318. Klemmverschlüsse.

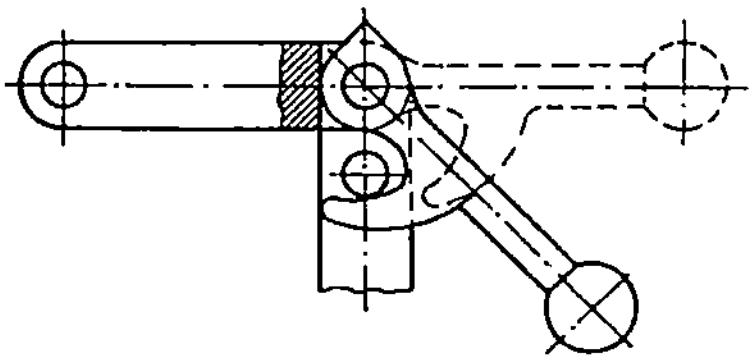

Bild 4.319. Zugexzenterverschluß.

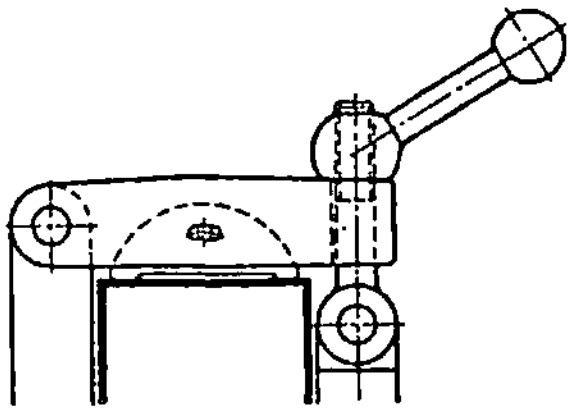

Bild 4.320. Schraubenverschluß.

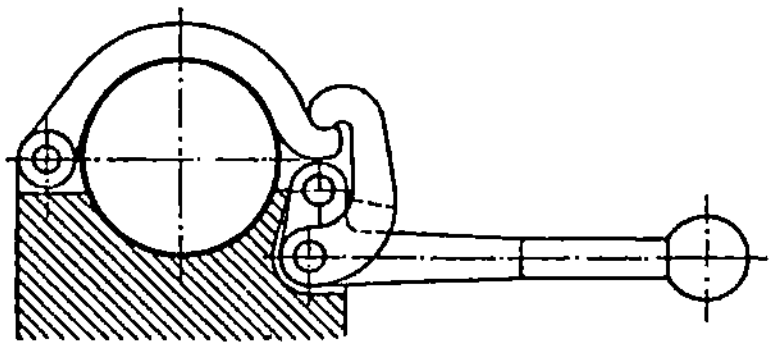

Bild 4.321. Kniehebelverschluß.

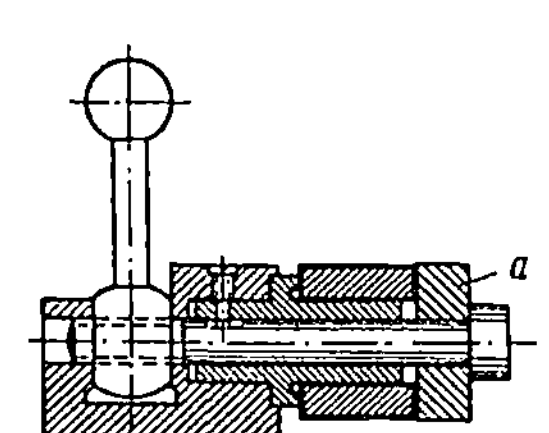

Bild 4.322. Schlitzscheibenverschluß.
a Schlitzscheibe zum Stecken.

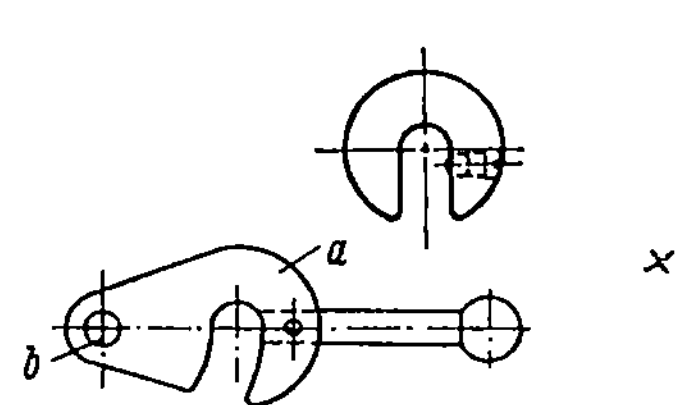

Bild 4.323. Schlitzscheiben zum Stecken und Schwenken (a), b Schwenkbohrungen.

88

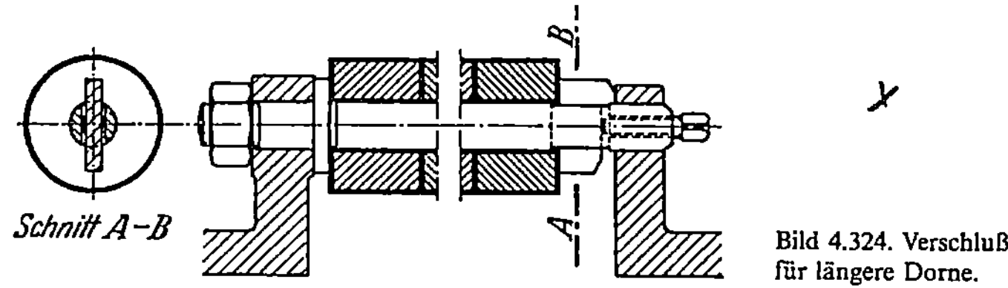

Bild 4.324. Verschluß
für längere Dorne.

Eng verwandt mit dem *Verschließen* ist die Aufgabe *Teilen und Feststellen*. Dabei müssen einzelne Vorrichtungsteile genau in Arbeits- und Teilstellungen festgelegt werden können. Die Einrichtungen dazu bestehen aus den mit Rasten oder Teilungslöchern versehenen Bauteilen (Teilscheiben) und dem Feststellmittel, kurz *Feststeller* genannt. Als Feststeller verwendet man sogenannte Rastenklinken, Sperrstifte. In einfachen Fällen werden auch federnde Kugeln und einfache kegelige Paßstifte verwendet.

Alle Teil- und Feststelleinrichtungen sind mit Fehlern behaftet, die sich bei der Bearbeitung des Werkstücks auf dasselbe übertragen. Beispielhaft zeigt Bild 4.325 eine mit einem Schmutzteilchen behaftete Raststelle. Die Ausführung mit einem kegeligen Stift hat den Vorteil, daß sich Abnutzung von selbst ausgleicht. Nachteilig ist die etwas schwierige Bearbeitung, die Sonderwerkzeuge erfordert. Teilungen sind mit Einzelteilfehlern und mit Summenteilfehlern behaftet. Hinzu treten die Fehler beim Rasten. Gute Ausführungen der Raststelle werden mit gehärteten und genau eingepreßt zylindrischen Stiften und Führungsbuchsen ausgeführt. Große Teilscheiben ermöglichen kleine Winkelteilfehler.

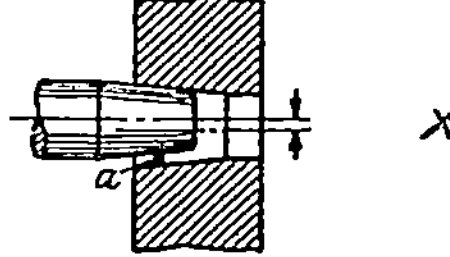

Bild 4.325. Teilungsfehler infolge kegeliger
Ausführung eines Sperrstiftes. *a* Fremdkörper.

Die Feststellung durch Rastklinken ist in den Bildern 4.326 und 4.327 gezeigt. Das Feststellen durch Sperrstifte geht aus den Bildern 4.328 bis 4.336 hervor. Die abgebildeten Ausführungen zeigen unterschiedliche Betätigungselemente, Stifte gegen unbeabsichtigtes Einrasten und Möglichkeiten der Sicherung.

In Bild 4.337 ist ein Kugelfeststeller ersichtlich, der keine großen Verschiebekräfte aufnimmt. Bei spezieller Ausführung können mit Kugelrasten hohe Genauigkeiten erzielt werden. (In Mikroskopen werden Objektivrevolver mit Kugelrasten ausgestattet!).

In Vorrichtungen werden manchmal Bauteile zum *Auswerfen* von Werkstücken angeordnet. *Auswerfer* dienen zur

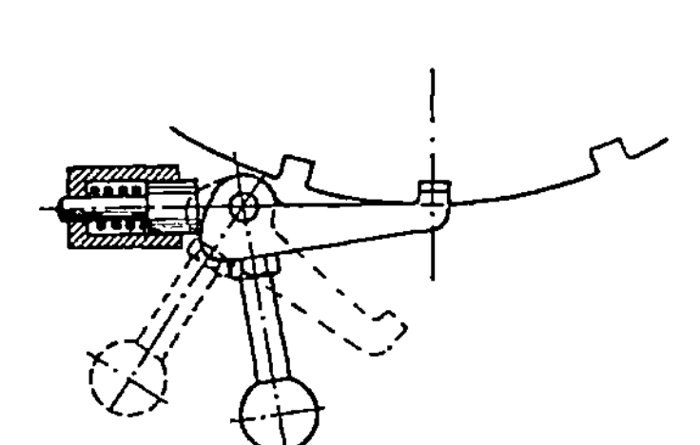

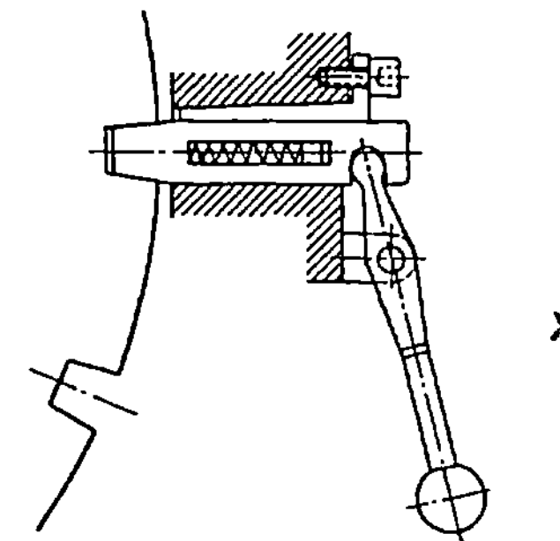

Bild 4.326. Rastenklinkenanordnung.

Bild 4.327. Flachschieberfeststeller.

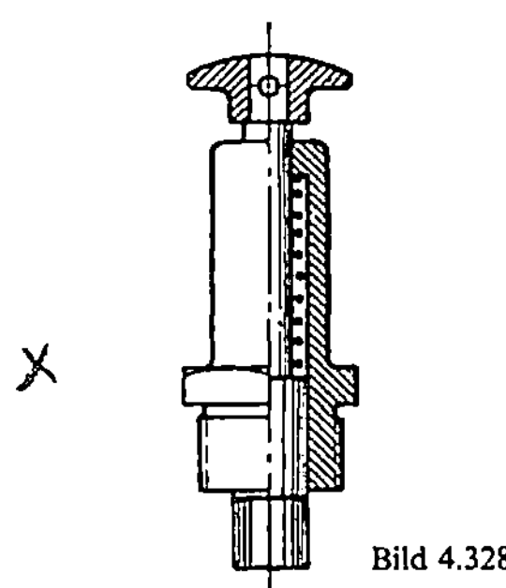

Bild 4.328

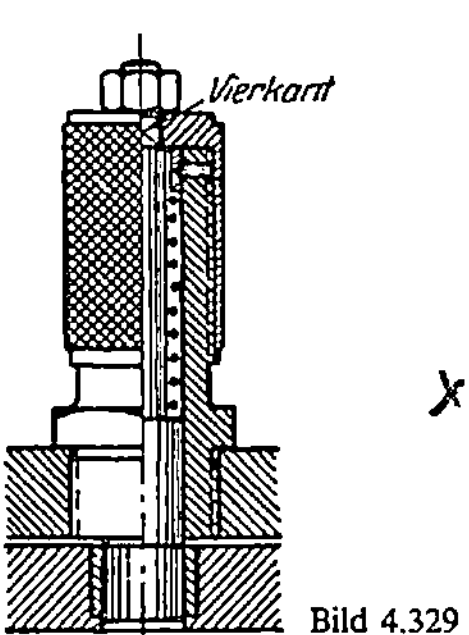

Bild 4.329

Bilder 4.328 und 4.329. Zugfeststeller.

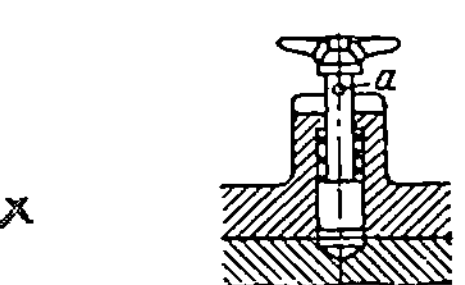

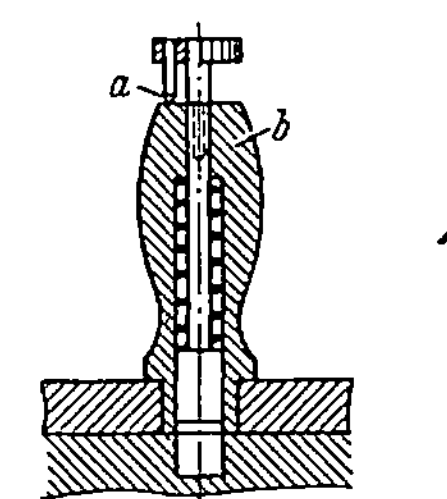

Bild 4.330. Sperrstift in üblicher Ausführung. a Raststift.

Bild 4.331. Sperrstift in einem Handgriff. a Stift. b Handgriff.

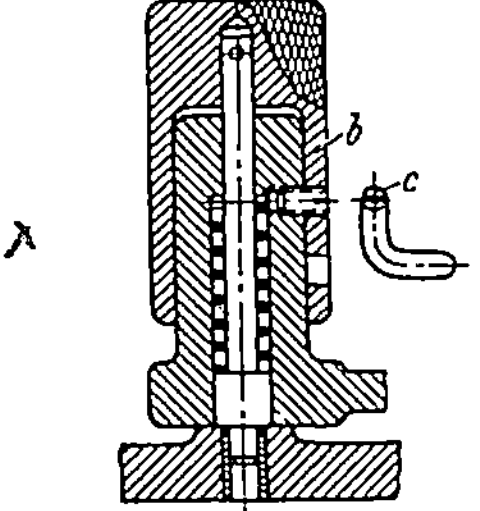

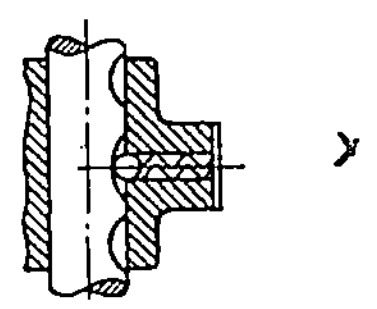

Bild 4.332. Sperrstift mit Bajonettführung. b Hülse, c Setzschraube.

Bild 4.333. Sperrstift mit Kugelsicherung.

90

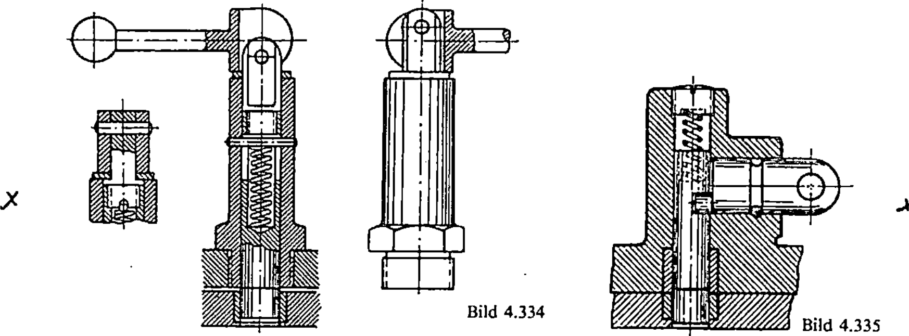

Bild 4.334

Bild 4.335

Bilder 4.334 und 4.335. Hebelfeststeller.

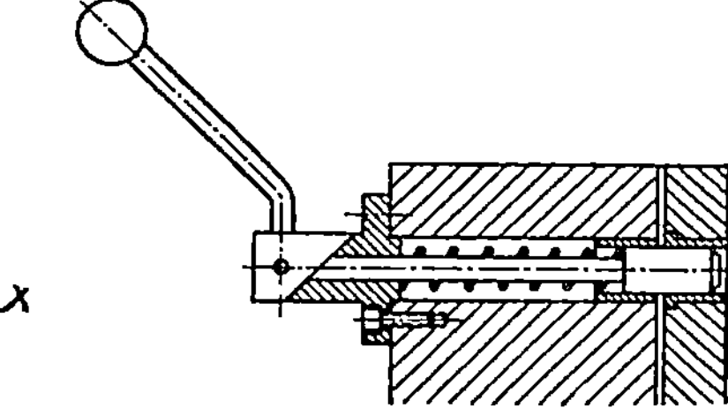

Bild 4.336. Hebelfeststeller mit schrägem Bund.

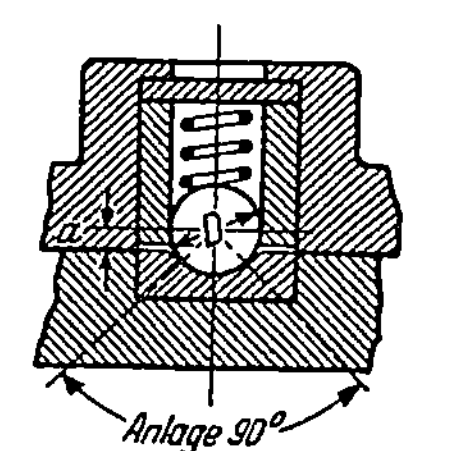

Bild 4.337. Federkugelfeststeller.
D Kugeldurchmesser, *a* Kugelhub.

- Senkung der Gesamtbearbeitungszeit,
- Erleichterung der Entnahme,
- Ermöglichung der Entnahme.

Das Auswerfen eines Werkstücks kann mit den verschiedensten Elementen erfolgen, z.B. durch Stifte, Schrauben, Hebel, Federbolzen, ja man kann auch ein Ausblasen mittels Druckluft anwenden.

Die Darstellungen in den Bildern 4.338 bis 4.346 zeigen konstruktive Detaillösungen zum Auswerfen von Werkstücken. Es werden auch günstige und ungünstige Lösungen gegenübergestellt. Das Auswerfen mittels Schraube erfordert einerseits, daß die Steigung nicht zu klein ist, andererseits daß noch so viel Selbsthemmung herrscht, daß das Werkstück nicht zurückfällt und man es mit beiden Händen entnehmen kann.

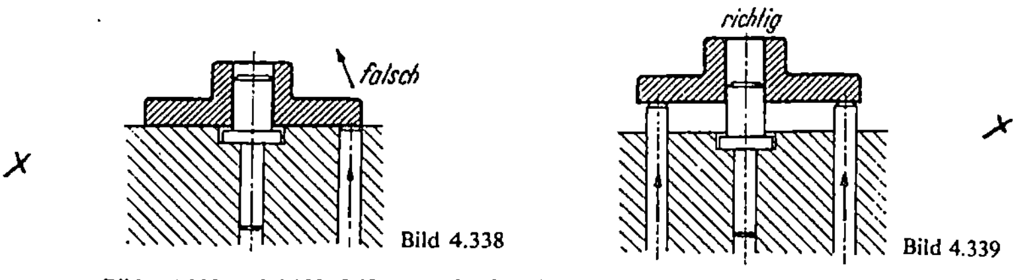

Bilder 4.338 und 4.339. Stiftauswerfer für kleine Werkstücke, falsch und richtig.

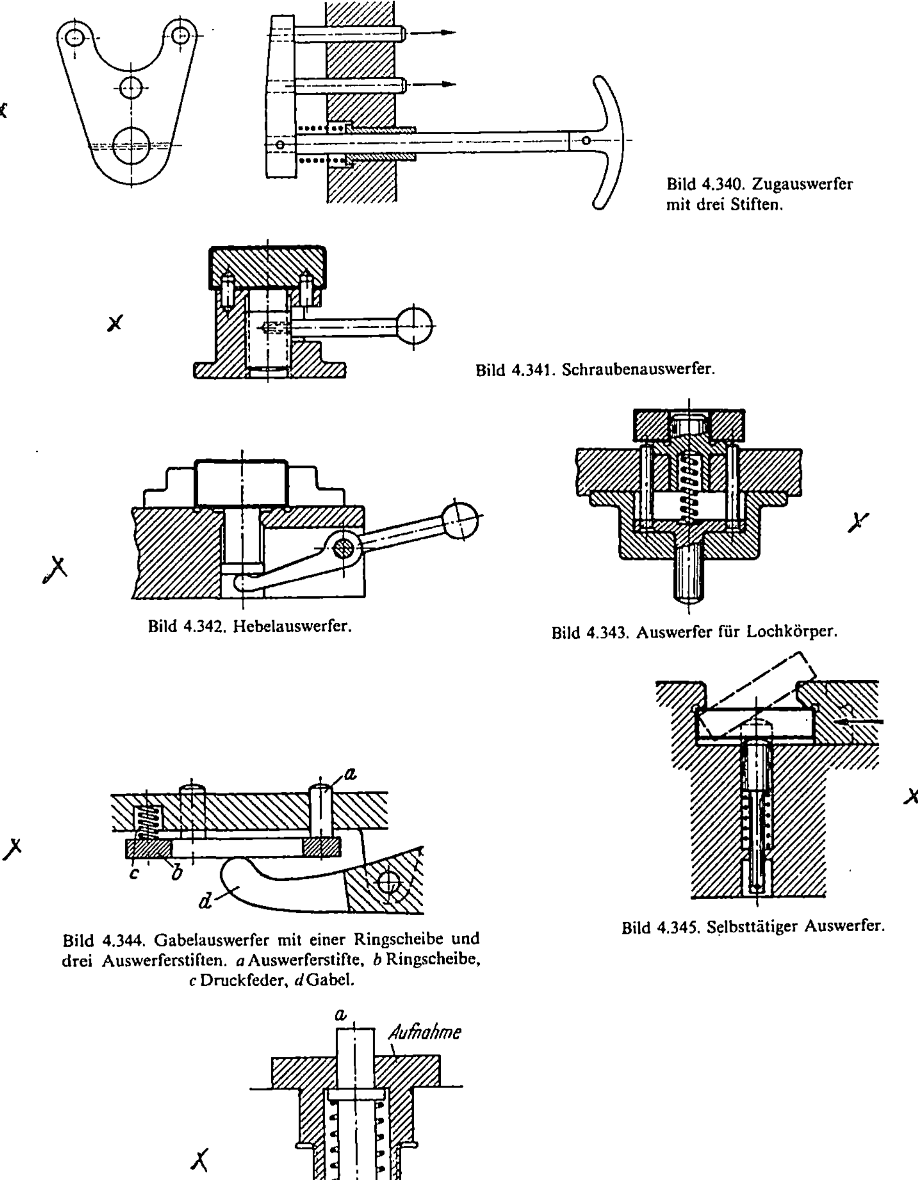

Bild 4.340. Zugauswerfer
mit drei Stiften.

Bild 4.341. Schraubenauswerfer.

Bild 4.342. Hebelauswerfer.

Bild 4.343. Auswerfer für Lochkörper.

Bild 4.344. Gabelauswerfer mit einer Ringscheibe und
drei Auswerferstiften. *a* Auswerferstifte, *b* Ringscheibe,
c Druckfeder, *d* Gabel.

Bild 4.345. Selbsttätiger Auswerfer.

Bild 4.346. Druckstiftauswerfer. *a* Druckstift.

4.6 Einstellen und Führen der Werkzeuge

An allen Vorrichtungen, die in Verbindung mit Bearbeitungsmaschinen zur Fertigung dienen, werden Mittel benötigt, um die Werkzeuge auf einfache und zuverlässige Art *einstellen* zu können. Meist genü-

92

gen dazu kleine, abgerichtete Bezugsflächen, von denen aus man unmittelbar oder mit Hilfe von Endmaßen die Werkzeuge einstellen kann. Sind bestimmte Profile oder Kanten und Nuten einzuarbeiten, so können mit Hilfe von Schablonen, die den herzustellenden Formen entsprechen, die Fräser oder Schneidmeißel eingestellt werden. An den Bohrspannvorrichtungen können die Lochtiefen oder Warzenhöhen durch Bundbohrbuchsen hergestellt werden.

In Bild 4.347 ist am Beispiel einer Drehvorrichtung dargestellt, wie der Drehmeißel an der Bezugsfläche eingestellt werden kann. Der Bolzen, der die Bezugsfläche trägt, ist gehärtet. Eine feinfühlige Einstellung kann mit Hilfe eines beweglichen Maßklotzes (Beispiel Bild 4.348) erfolgen, der, sofern es möglich ist, zwischen dem Drehmeißel und der Bezugsfläche hindurch geschwenkt werden kann und an der Vorrichtung befestigt ist. Man kann diese Einstellung natürlich auch mit einem losen Endmaß vornehmen.

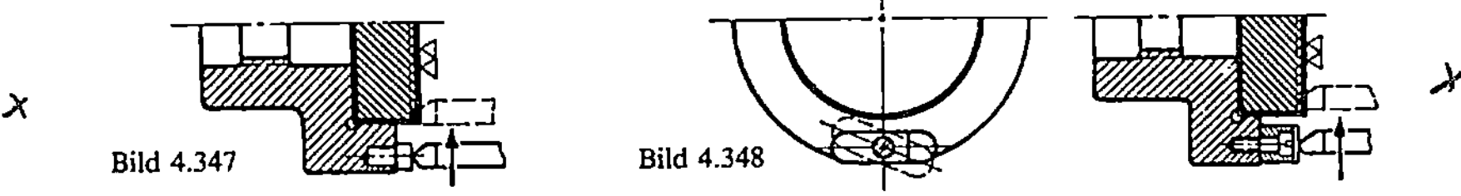

Bild 4.347 Bild 4.348

Bilder 4.347 und 4.348. Einstellen des Schneidmeißels an die Bezugsfläche.

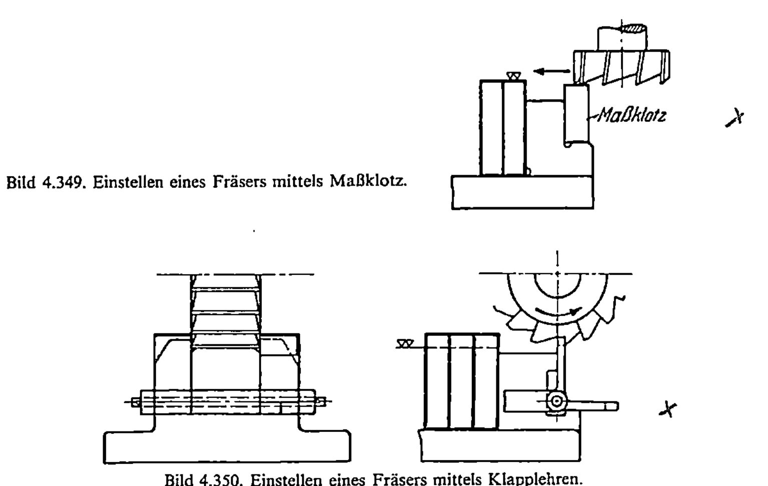

Bild 4.349. Einstellen eines Fräsers mittels Maßklotz.

Bild 4.350. Einstellen eines Fräsers mittels Klapplehren.

Bild 4.349 zeigt die Einstellung eines Fräsers mit Hilfe eines Maßklotzes. Man beachte die ergonomischen Möglichkeiten, d.h. Maßklotz so, daß er gut gehalten und bewegt werden kann. Die getrennte Einstellung von Seite und Tiefe der Fräser mit Hilfe mehrteiliger Klapplehren zeigt Bild 4.350. Durch schwenkbar angeordnete Lehren können gemäß Bild 4.351 Flächen einzeln, bzw. die lichte Weite

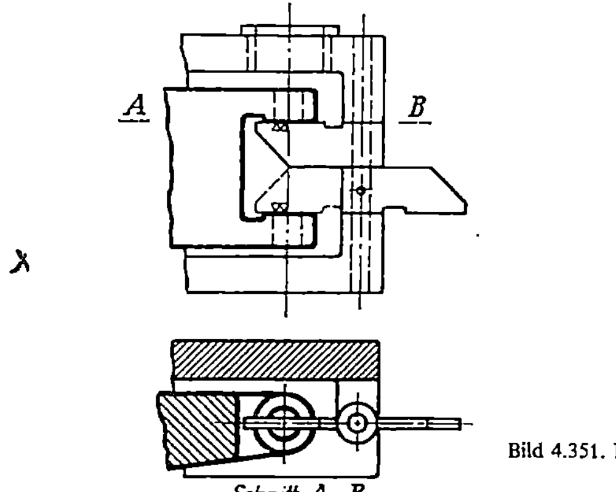

Bild 4.351. Nachprüfen mittels Schwenklehren.

mit beiden Lehren zusammen gemessen und damit der Zustand der Bearbeitungswerkzeuge laufend überwacht werden.

Bezugsflächen als Anschläge bei Bohrwerkzeugen sind in den Bildern 4.352 bis 4.354 dargestellt. Im einfachsten Fall greift ein Anschlag an der oberen Stirnfläche einer Bundbohrbuchse an (Bild 4.352). Man kann auch das Werkzeug unmittelbar auf dem Zentrierzapfen anschlagen lassen, sofern der Handvorschub nur wenig untersetzt ist (Bild 4.353). Schließlich sind auch komfortable Lösungen mit wälzgelagerten, mitlaufenden Anschlagringen in Anwendung, die durch Stillstand beim Anschlagen die Endstellung anzeigen (Bild 4.354).

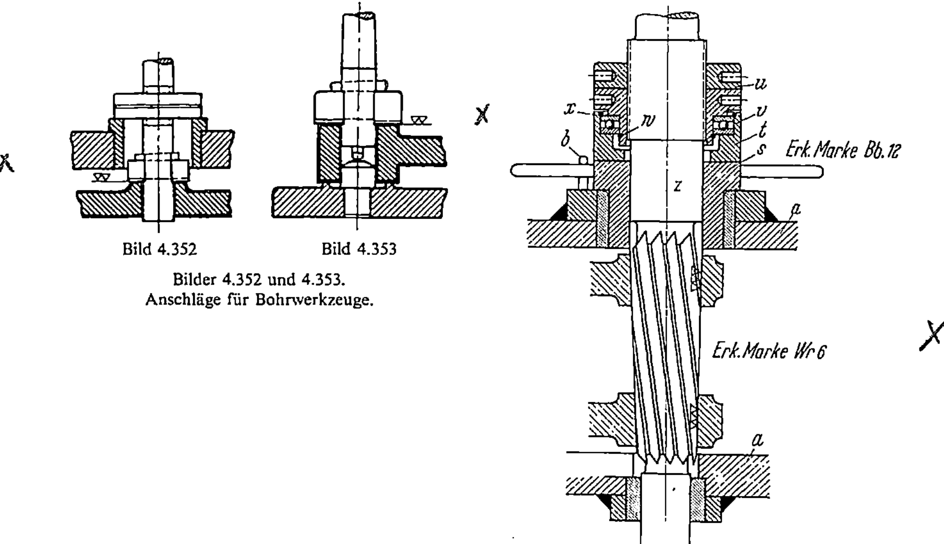

Bilder 4.352 und 4.353.
Anschläge für Bohrwerkzeuge.

Bild 4.354. Ein- und nachstellbarer auf Axialrillenlager laufender Anschlag für Sonderbohrwerkzeuge. *a* Vorrichtungskörper; *b* Haltestift, verhindert Verdrehen und Aufwärtsbewegen von Bohrbuchse *s*; *t* Anschlag; *u* Gegenmutter; *v* Axialrillenlager; *w* und *x* Sicherungsfederdrähte.

94

Die *Führung von Bohrwerkzeugen* hat im Vorrichtungsbau (Bohrspannvorrichtung) eine besondere Bedeutung. In der Regel dienen
dazu gehärtete Buchsen, die Bohrwerkzeuge aller Art führen wie z.B.
Wendelbohrer, Senker, Reibahlen, Bohrstangen. Man kann unterscheiden in:

– entfernungbestimmende Werkzeugführungen und
– entfernung- und richtungbestimmende Werkzeugführungen.

Im ersten Falle kommt es nicht so auf die genaue Richtung der
Bohrungen an, sondern nur auf bestimmte Entfernungen der Bohrungen untereinander bzw. von Bohrungen zu Bezugskanten (bzw.
-flächen). Die Richtung der Bohrung entsteht dabei nicht durch eine
Führung in der Vorrichtung, sondern wird durch das Zusammenwirken von Werkzeug und Maschine gebildet. Mit Rücksicht auf die
Führungsgenauigkeit der Maschine sind die Bohrungen der Bohrbuchsen etwas größer hergestellt, um Klemmwirkungen zu vermieden. Die Bilder 4.355 und 4.356 zeigen diese Anordnungen, wobei sie

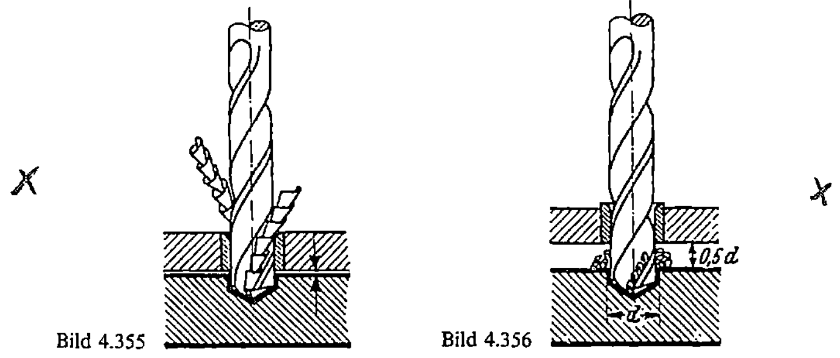

Bilder 4.355 und 4.356. Übliche entfernungbestimmende Werkzeugführungen.

sich noch in den Entfernungen zum Werkstück unterscheiden. In
Bild 4.355 ist die Anordnung so, daß die Späne aus der Bohrbuchse
austreten. Diese Anordnung ist nur möglich, wenn das Rohmaß des
Werkstücks es erlaubt. Bei rohen Werkstücken, wo dies nicht möglich ist, muß der Abstand ein gewisses Mindestmaß haben, damit die
Späne unterhalb der Bohrbuchse austreten können (Bild 4.356).
Beim Grauguß mit brechenden Spänen genügt ein Abstand von 0,5d.
Bei langen Spänen sollte der Abstand wenigstens d sein. Werkzeugführungen können auch unterhalb des Werkstücks angeordnet werden, wie die Bilder 4.357 und 4.358 zum Senken und Reiben erkennen lassen. Man beachte hier die Bedingung, daß die Führungs-
zapfen vor dem Bearbeiten in die Buchsen eingreifen müssen.
   Der zweite Fall, daß die Entfernung und die Richtung beim Bohren bestimmt werden müssen, erfordert, daß Fehler der Maschine
bzw. der Aufspannung ausgeschlossen werden. In den Bildern 4.359

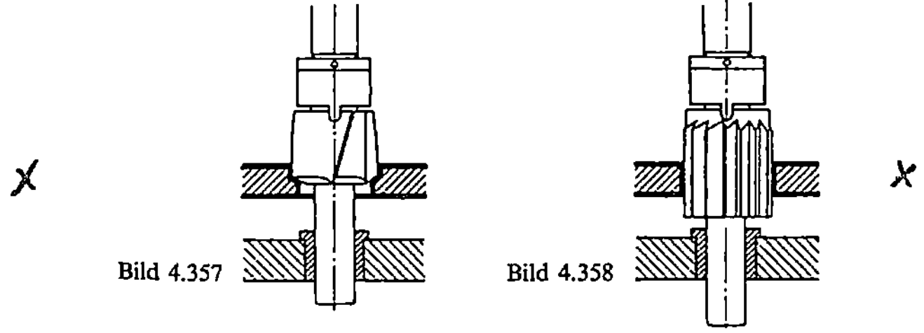

Bilder 4.357 und 4.358. Unterhalb des Werkstücks angeordnete entfernungbestimmende Werkzeugführungen.

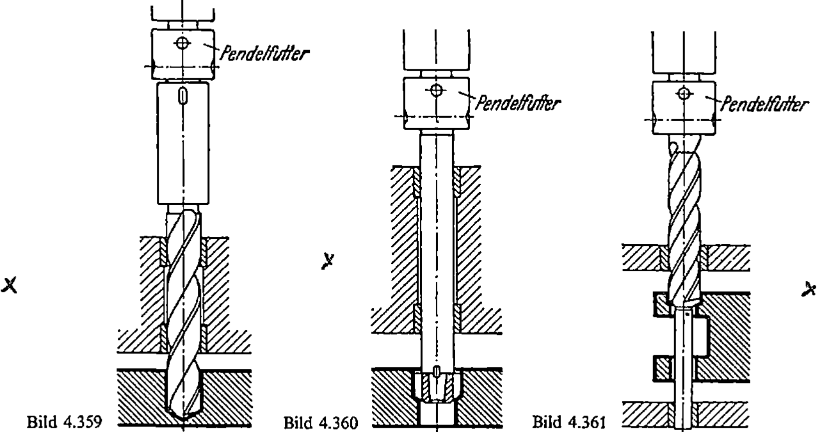

Bilder 4.359 bis 4.361. Entfernung- und richtungbestimmende Werkzeugführungen.

bis 4.361 sind entsprechende Ausführungen dargestellt. Werkzeuge und Maschinen müssen hierbei in jedem Fall über ein Pendelfutter miteinander verbunden sein. Diese Bilder lassen wieder unterschiedliche Führungsanordnungen der Buchsen erkennen. Das Bohren erfolgt mit Wendelbohrer, Bohrstange und Zapfensenker und erfordert im gegebenem Fall vorgebohrte Löcher. Über die sonstige Anordnung von Bohrbuchsen gilt nach Bild 4.362, daß sie z.B. nicht gleichzeitig mit Teilen, die der Spannung dienen und sich deformieren können, in Verbindung gebracht werden dürfen.

Nach Form und Befestigungsart sind zwei Arten von Bohrbuchsen zu unterscheiden:

Festbohrbuchsen und Steckbohrbuchsen.

Gemeinsam ist ihnen, daß sie gut gerundete Einführungskanten für das Werkzeug haben und an der Führungsfläche möglichst hart

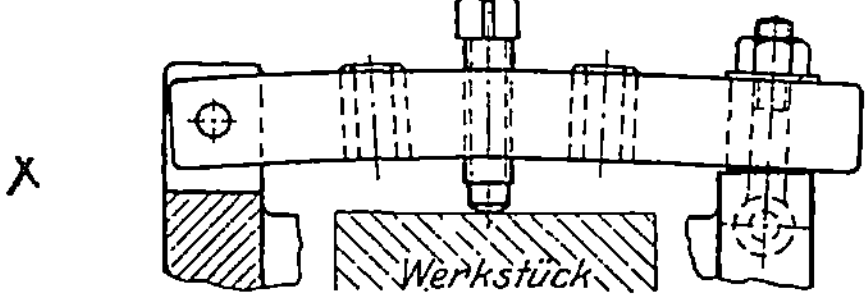

Bild 4.362. Falsch angeordnete Bohrbuchsen.

96

sein sollen. Man fertigt sie aus gewöhnlichem Kohlenstoffstahl mit 0,6%C, aus Einsatzstahl bzw. aus Werkzeugstählen.

In Bild 4.363 ist eine einfache Festbohrbuchse zum Bohren von Löchern untergeordneter Bedeutung dargestellt. Sie werden außen entweder zylindrisch oder kegelig hergestellt und eingepreßt (n6 oder r6 in H7). Dabei wird die Führungsbohrung etwas kleiner. Da Wendelbohrer durch Erwärmung und unrunden Lauf etwas größer arbeiten, als ihrem Nennmaß entspricht, ist die Buchsenbohrung oft mit der Passung F7 oder mit Zugaben von 0,1 bis 0,3 mm je nach Durchmesser ausgeführt. Festbohrbuchsen zur zweiseitigen Benutzung (Bohrschablonen) zeigt Bild 4.364.

Zur Vermeidung eines unsicheren Sitzes versieht man Bohrbuchsen auch mit einem Anlagebund (Bild 4.365). Sie werden auch zur

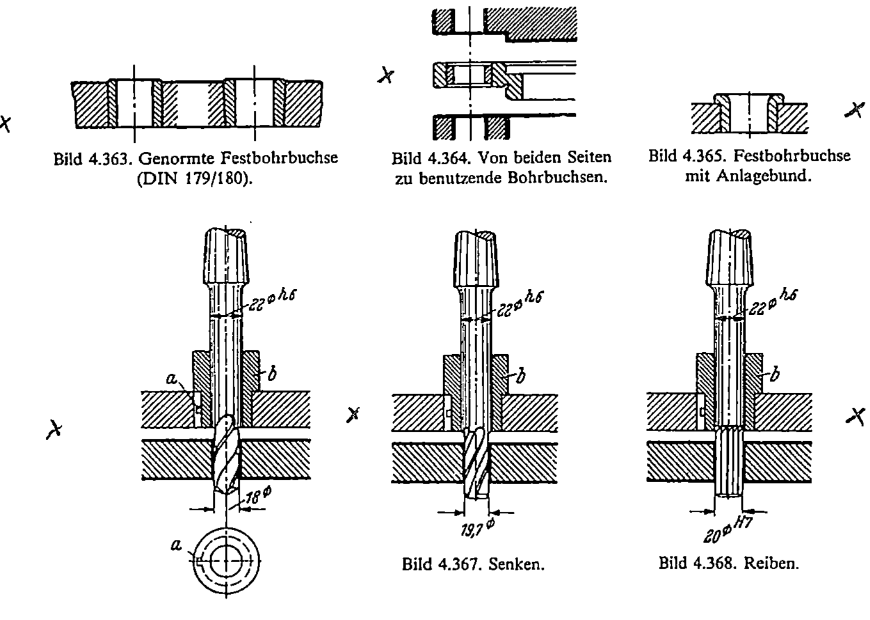

Bild 4.363. Genormte Festbohrbuchse (DIN 179/180).

Bild 4.364. Von beiden Seiten zu benutzende Bohrbuchsen.

Bild 4.365. Festbohrbuchse mit Anlagebund.

Bild 4.367. Senken.

Bild 4.368. Reiben.

Bild 4.366. Vorbohren.

Bilder 4.366 bis 4.368. Festbohrbuchsen für die Bearbeitung von Paßlöchern mit abgesetzten Sonderwerkzeugen. *a* Sicherungsnase, *b* Bohrbuchse.

Herstellung genau entfernungbestimmter Paßbohrungen herangezogen. Man kann mit ihren langen Führungen das Werkzeug gut bestimmen und zwar hinsichtlich Richtung und Entfernung (Bild 4.366 bis 4.368). Derartige Bohrbuchsen sind in der Führungsbohrung mit einer Passung H6 auszuführen. Sie werden außen mit einer Passung k6 in die geriebene Vorrichtungsbohrung gepreßt. Zur Vermeidung des Losdrehens werden diese Bohrbuchsen mit Hilfe einer Sicherungsnase *a* gegen den Vorrichtungskörper gesichert. Die Verwen-

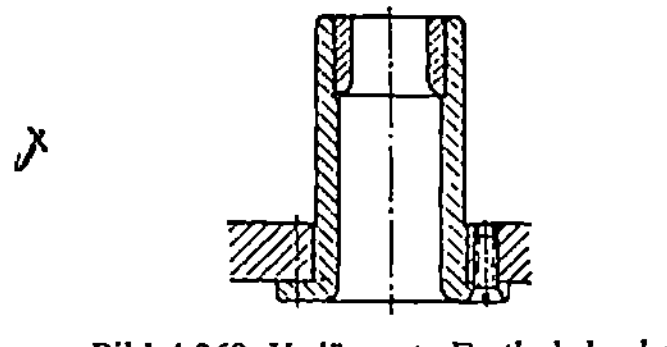

Bild 4.369. Verlängerte Festbohrbuchse.

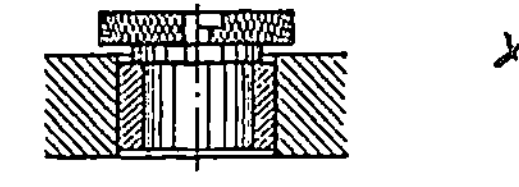

Bild 4.370. Festbohrbuchse als Futter
für Steckbuchsen.

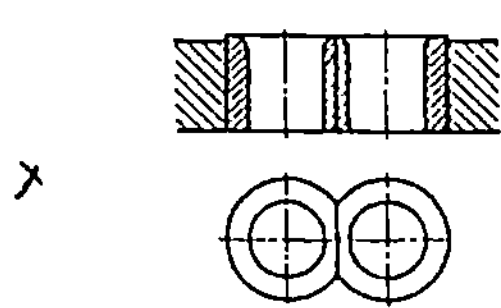

Bild 4.371. Festbohrbuchsen mit Abflachungen.

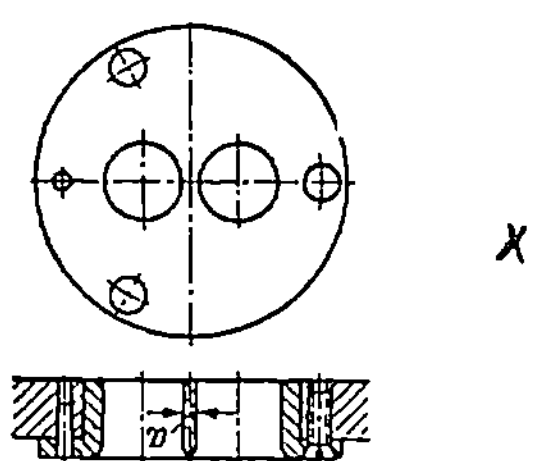

Bild 4.372. Viellochbohrbuchse. a Stegstärke.

dung einer genau laufenden Bohrspindel bringt in Verbindung mit den Festbohrbuchsen bessere Ergebnisse als die Anwendung von Steckbohrbuchsen, die wegen ihrer Spielpassungen naturgemäß unsicherer positionierbar sind. Die Bilder 4.369 bid 4.372 zeigen weitere Ausführungen von Festbohrbuchsen.

Grundbuchsen und Steckbuchsen sind nach DIN 172/173/179 mit der Passung F7/m6 abgestimmt. Sind sehr nahe beieinanderliegende Bohrungen anzubringen, so kann man entweder Festbohrbuchsen mit Abflachungen versehen (Bild 4.371) oder Viellochbohrbuchsen herstellen (Bild 4.372)

Steckbuchsen benutzt man, wenn an zusammengehörigen Werkstücken einmal Durchgangslöcher und einmal Gewindelöcher zu bohren sind und man aus wirtschaftlichen Gründen nicht zwei Bohrschablonen herstellen kann. Man bohrt dann beide Locharten mit derselben Bohrschablone hintereinander, einmal mit und einmal ohne Steckbuchsen. Damit die Steckbuchsen nicht mitdrehen und auch nicht durch Späne herausgedreht werden, benutzt man u.a. die bajonettartige Sicherung nach Bild 4.373. Das leidige Klemmen der Steckbuchsen in den Grundbuchsen beim Ein- und Ausführen läßt sich dadurch vermeiden, daß man in den Außenzylinder eine kleine Rille eindreht. Bild 4.374 gibt hierzu Maßanhalte. Damit wird erreicht, daß nach dem Einschnäbeln ein Kippen der Steckbuchse ohne Festklemmen nur so lange möglich ist, bis der längere zylindrische Außenteil zum Tragen kommt und einen verklemmungsfreien Sitz der Steckbuchse gewährleistet. Es ist darauf zu achten, daß die Rille bei eingesteckter Buchse nicht aus der Grundbuchse nach unten herausragt, weil sonst Späne eindringen und zum Blockieren der Grundbuchse führen können. Bei langen Steckbuchsen für lange

98

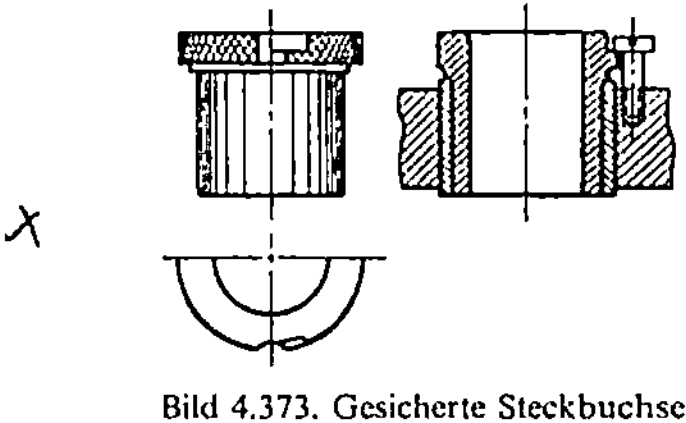

Bild 4.373. Gesicherte Steckbuchse
nach DIN 173.

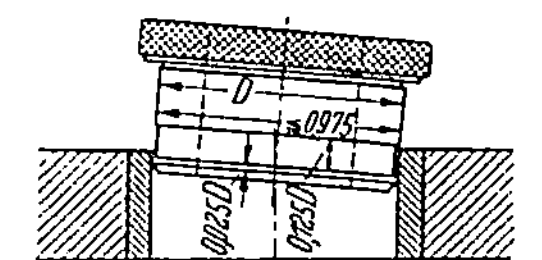

Bild 4.374. Verklemmungsfreie Steckbuchsen.
Rillendurchmesser = 0,975 D.

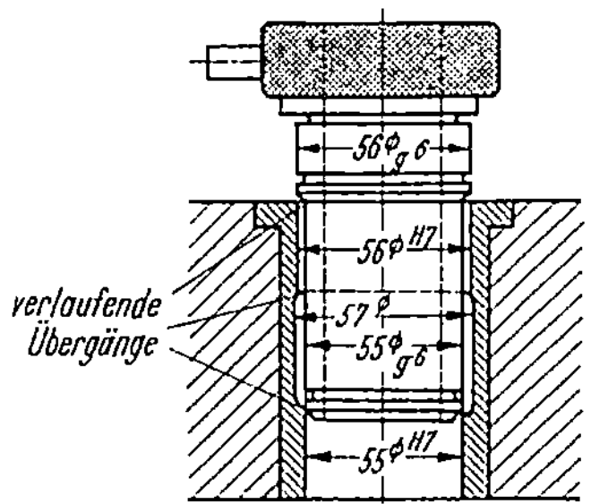

Bild 4.375. Zwecks Vermeidung von Verklemmung und zum leichteren Einführen außen abgesetzte lange Steckbuchse (Grundbuchse innen ausgespart).

Führungen ist es auch noch ratsam, die Steckbuchse außen und die Grundbuchse innen freizudrehen gemäß Bild 4.375. Man achte überall auf gut gerundete Kanten. Der obere Bohrungsrand der Grundbuchse ist anzufasen. Das Bild 4.376 zeigt eine Möglichkeit, mittels Bohrbuchsenheber die Steckbuchse *b* anzuheben.

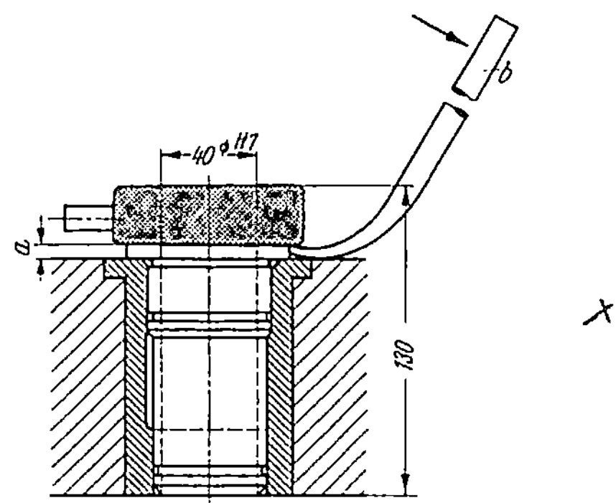

Bild 4.376. Bohrbuchse nach Bild 4.375
mit Bohrbuchsenheber *b*.

Mit Steckbuchsen lassen sich auch genaue Paßlöcher herstellen, wenn die Toleranzen der Lochabstände über 0,02 mm liegen dürfen. Hierbei bietet die Steckbuchse gegenüber der Festbohrbuchse den Vorteil, daß die für die Bearbeitung nacheinander einzusetzenden Werkzeuge wie Wendelbohrer, Senker, Reibahlen handelsübliche Werkzeuge sein können, anstelle von teuren, abgesetzten Sonderwerkzeugen (Bilder 4.377 bis 4.379). Bild 4.379 zeigt eine Sonderreibahle mit Führungsansatz, bei der die Führung über die Schneiden der Reibahle vermieden wird (Verschleiß geringer). Sollen die Bohrbuchsen gleichzeitig als Anschlag für Anflächwerkzeuge benutzt werden, so sind die Bundhöhen entsprechend einzuhalten. Die Bil-

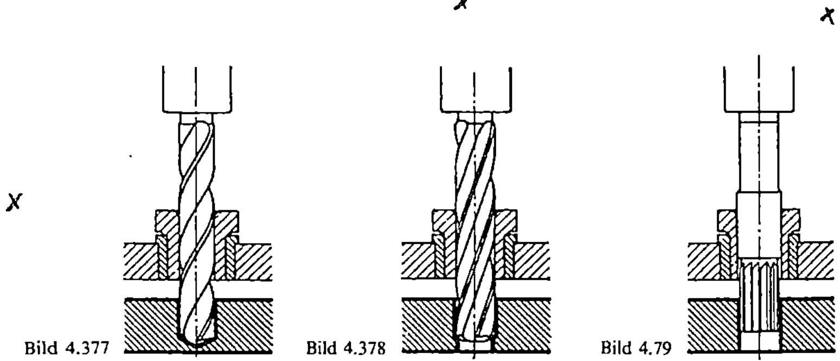

Bild 4.377 Bild 4.378 Bild 4.79

Bilder 4.377 bis 4.379. Bohren, Senken und Reiben in Steckbuchsen.

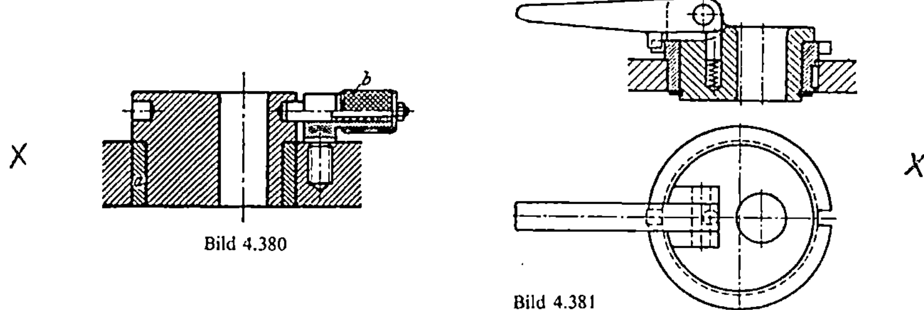

Bild 4.380

Bild 4.381

Bilder 4.380 und 4.381. Schwenkbohrbuchsen. *b* Feststeller.

der 4.380 und 4.381 lassen schwenkbare Einsatzbuchsen erkennen, die mit Feststellern ausgestattet sind. Damit lassen sich sogar ineinanderlaufende Löcher bohren. Steckbuchsen, die mit Griffen zum schnellen Wechseln versehen sind, zeigen die Bilder 4.382 und 4.383.

Steckbuchsen haben den Nachteil, daß bei ihrer Anwendung die Nebenzeiten vergrößert werden, und man hat darum nach Abhilfe gesucht. Ordnet man die zu einem Werkzeug gehörende Bohrbuchse mittels eines besonderen Halters an der Bohrmaschinenspindel so an, daß sich das Werkzeug dauernd darin führt, so brauchen die Steckbuchsen nicht mehr in der üblichen Weise von Hand ausgewechselt zu werden. Sie werden dann gleichzeitig mit den Werkzeugen in die Vorrichtung eingeführt. In Bild 4.384 ist eine derartige Vorrichtung dargestellt. Diese Vorrichtung wird vorzugsweise an

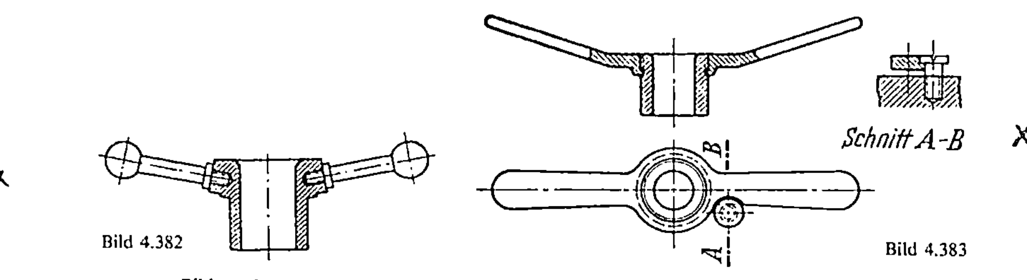

Bilder 4.382 und 4.383. Große Steckbuchsen mit Griffen zum Wechseln.

100

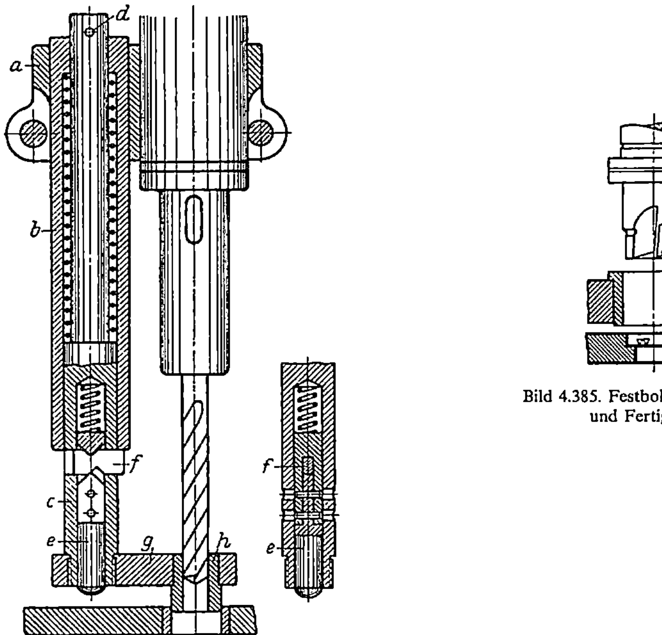

Bild 4.385. Festbohrbuchse für Vor- und Fertigbohren.

Bild 4.384. Festbohrbuchsen mit besonderen Haltern. *a* Klemmstück, auf Vorschubhülse der Bohrmaschine befestigt; *b* Federhülse, axial verstellbar; *c* Haltestange, unter Federkraft stehend; *d* Begrenzungsstift, *e* Auslösebolzen; *f* Sperrstück, durch *e* radial bewegt; *g* Bohrbuchsenhalter; *h* Festbohrbuchse.

Schnellbohrmaschinen eingesetzt, wo für einen Arbeitsgang mit je einem Werkzeug eine Bohrspindel zur Verfügung steht, die man jeweils für eine Bohrung anordnet. Damit wird erreicht, daß man keine Werkzeuge auswechseln und keine Drehzahlen umstellen muß, wenn man das Werkstück mit der Vorrichtung von Spindel zu Spindel weiterschiebt. Die Bearbeitungslänge kann eingestellt werden, und die Vorrichtung federt nach der Bearbeitung zurück. Bohrbuchse und Bohrer sind gegeneinander so gesperrt, daß erst nach Einführung der Buchse gebohrt werden kann. Erst in der tiefsten Stellung der Bohrbuchse löst sich die Sperre beim Anschlag auf die Bohrvorrichtung aus. Sind flache Löcher zu bohren oder zu senken, die unterschiedlich starke Werkzeuge erfordern, so kann man auch die Steckbuchse dadurch vermeiden, daß man sämtliche Werkzeuge mit einem einheitlichen Führungszylinder versieht und die Werkzeuge für die Vorstufe auf entsprechend kleine Durchmesser absetzt (Bild 4.385).

Bohrbuchsen, die gleichzeitig spannen, sind auf den Bildern 4.386 bis 4.389 zu erkennen: Bohren einer Kugel (Bild 4.386), Bohren einer unten abgeflachten Welle (Bild 4.387). Die Führungsbuchse *a* ist in der Gewindegriffbuchse *b* gelagert und durch die Schraube *c* gesichert. Durch den Stift *d* wird die Führungsbuchse am Mitdrehen gehindert. Bild 4.388 zeigt eine Bohrbuchsenanordnung, die es ermöglicht, ein Loch möglichst genau zu einer Lochwarzenmitte zu bestimmen, wenn der Abstand zu anderen Bohrungen keine Rolle spielt. Es sind also dann in der Bohrvorrichtung Festbohrbuchsen und Spannbohrbuchsen anzuordnen, wobei letztere entweder in einer Richtung oder beliebig beweglich sind und sich beim Anspannen selbsttätig auf die Warzenmitte einstellen können. Die Bilder 4.388 und 4.389 zeigen Beispiele.

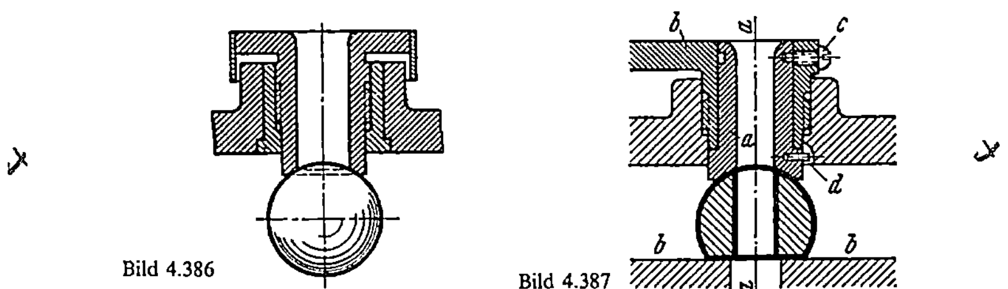

Bild 4.386   Bild 4.387

Bilder 4.386 und 4.387. Bohrbuchsen als Spannorgane. *a* eigentliche Führungsbuchse, *b* Gewindegriffbuchse, *c* Schraube, *d* Stiftsicherung gegen Drehen.

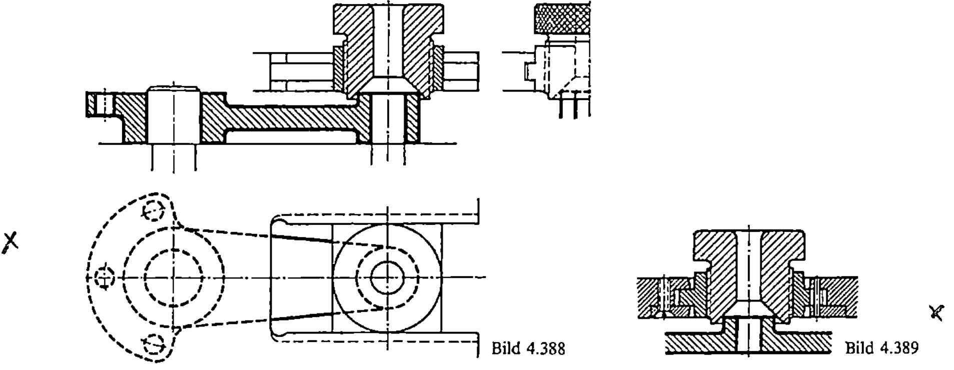

Bild 4.388   Bild 4.389

Bilder 4.388 und 4.389. Bewegliche Spannbohrbuchsen, selbstmittend.

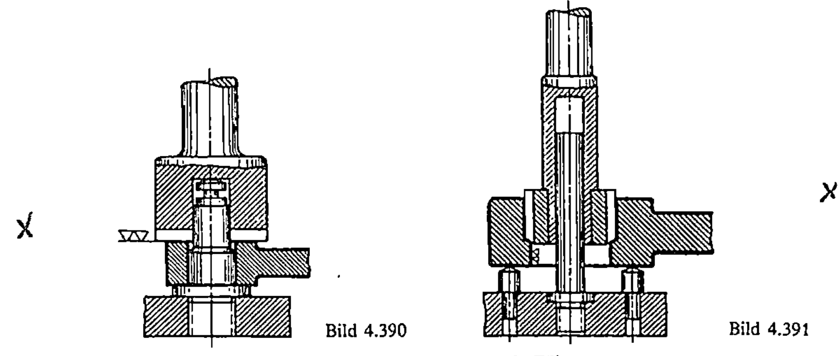

Bild 4.390   Bild 4.391

Bilder 4.390 und 4.391. Dorne als Führung.

Werkzeugführungen können auch die Form eines Dorns haben
(Bild 4.390 und 4.391). Dabei kann die Tiefe durch einen einstellbaren Anschlag begrenzt werden. Vorteilhaft ist bei derartigen Anordnungen, daß die Schneidkanten der Werkzeuge nicht in einer Bohrbuchse beschädigt werden können.

4.7 Beseitigen und Fernhalten von Spänen [17]

Die Steigerung der Zerspanleistung erfordert, daß bereits bei der
Konstruktion von Vorrichtungen für die spanabhebende Bearbei-
tung an den Späneabfluß und an den Schutz vor Spänen gedacht
wird. Die Folgen einer schlechten Späneabfuhr können zur Beschä-
digung von Werkstück und Vorrichtung führen.
Gründe:
- Ungenaue Ausrichtung der Werkstücke in der Vorrichtung und
  damit Verspannungsgefahr.
- Späne sind oft Ursachen für Verletzungen.
- Es kostet Zeit, aus ungünstig konstruierten Vorrichtungen die
  Späne zu beseitigen.
- Einige Maßnahmen zu einer günstigen Späneabfuhr sind aus den
  Bildern 4.392 bis 4.395 zu erkennen.

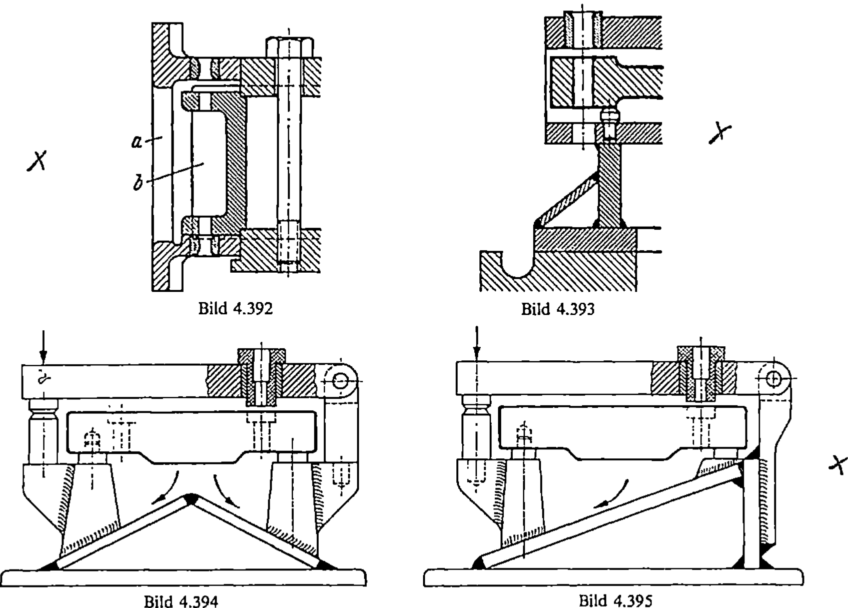

Bild 4.392   Bild 4.393

Bild 4.394   Bild 4.395

Bild 4.392. Vorrichtung mit Durchbrüchen zum Ein- und Ausbringen des Werkstücks und zur leichteren Spänebe-
seitigung. *a* Durchbrüche vorn, *b* seitlich.
Bilder 4.393 bis 4.395. Bohrvorrichtungen mit geneigten Flächen zum Abgleiten der Späne.

Regeln:

– Man vermeide unzugängliche Räume, vorspringende Ecken oder
  Kanten, die zu Hohlräumen in der Vorrichtung führen;
– Öffnungen in den Vorrichtungswänden (Bild 4.392) und schräge
  Flächen zum Abgleiten der Späne (Bild 4.393 bis 4.395) vorsehen;
– Auflageflächen mit Nuten vorsehen (Bild 4.396);
– Spanbrecher vorsehen (Bild 4.397).

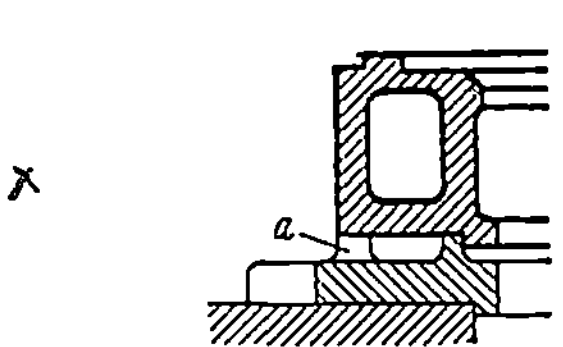

Bild 4.396. Futterscheibe mit erhöht angeordneter Aufspann-
fläche. *a* mehrere Nuten am Umfang zur leichteren Säube-
rung.

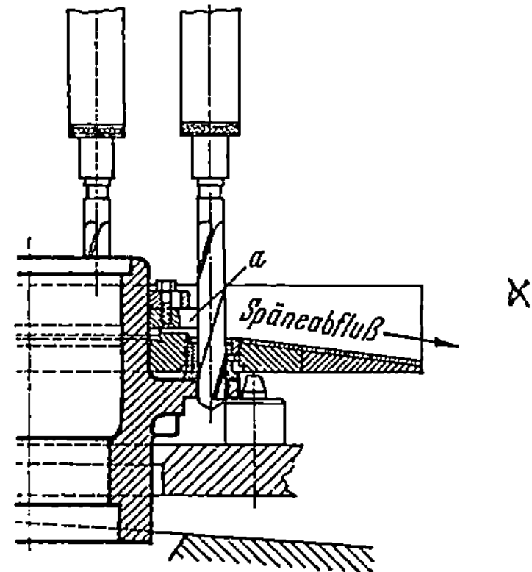

Bild 4.397. Bohrvorrichtung mit Spanbrechern
(*a*) und geneigter Fläche für Späneabfluß [16].

Zur Vermeidung von langen Spänen, die sich beim Bohren von
Stahlteilen bilden und um die Wendelbohrer wickeln können, werden im Bereich der Bohrer Spanbrecher angebracht. Mit dem Kühl-
mittelstrom werden die Späne dann abgeführt. Das Bild 4.397 zeigt
eine Bohrvorrichtung für Radnaben, in die acht Bohrungen gleichzeitig eingebracht werden.

Zum Schutz vor Spänen sollten kritische Stellen in der Vorrichtung gehärtet bzw. austauschbar sein. Dies betrifft insbesondere
Leisten, Platten, Zentrierringe (Bild 4.398). Bewegliche Teile wie

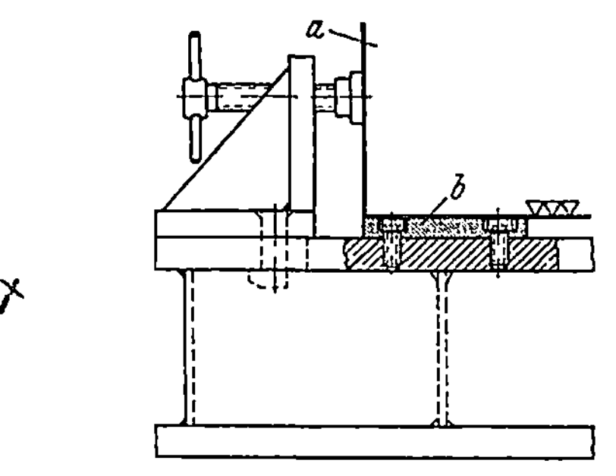

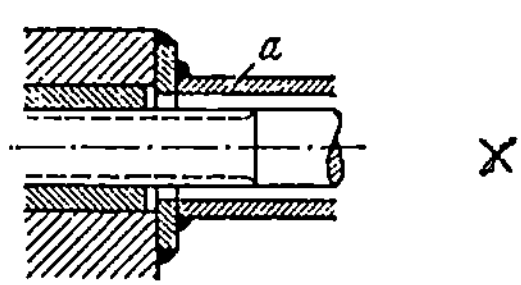

Bild 4.399. Späneschutz für eine Gewindespindel.
a Schutzrohr, bei größeren Längsbewegungen teleskopartig.

Bild 4.398. Gehärtete und geschliffene Auflagen.
a Werkstück, *b* vier kurze Auflagen unter den Werk-
stückecken.

104

Spannbacken, Spannexzenter und Gewindespindeln sind z.B. durch teleskopartig ausziehbare Rohre zu schützen (Bild 4.399). An mitlaufenden Führungsbuchsen sind sogenannte Dichtungs-Späneschutzgewinde nach Bild 4.400 möglich, die sowohl der Ölzufuhr als auch der Späneabfuhr dienen. Die spanschutzgerechte Gestaltung von Schwalbenschwanzführrungen ist in den Bildern 4.401 und 4.402 dargestellt.

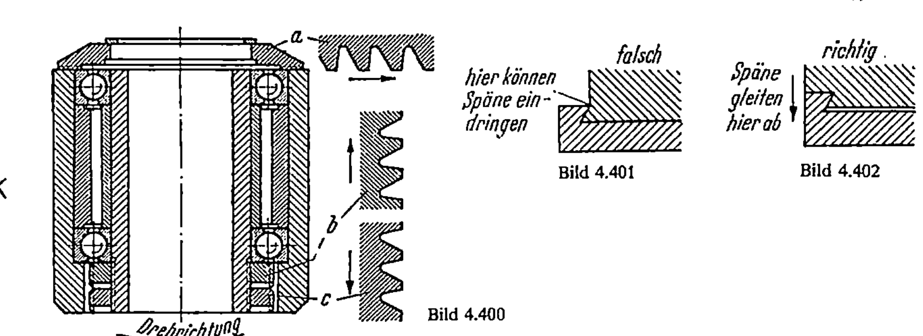

Bild 4.400. Mitlaufende Führungsbuchse mit Dichtungs- und Späneschutzgewinde (Gewindeform nach DIN 514). a Dichtungsring mit Plangewinde und Linkssteigung, um das Eindringen von Spänen zu verhindern; b und c Gegenmuttern; b mit Rechtssteigung, um das Schmieröl nach innen zu drängen; c mit Linkssteigung um die Späne nach außen zu schieben. Die Gewindesteigungen rechts und links müssen auf die Spindeldrehrichtung abgestimmt sein. Gewindeformen am Außenumfang von b und c wie bei a. Zwischen Ring a und dem Innenring des oberen Wälzlagers sitzt ein Bund der nicht dargestellten Spindel.

Bilder 4.401 und 4.402. Falsche und richtige Ausführung von Schwalbenschwanznuten in Hinsicht auf das Eindringen von Spänen.

4.8 Verbinden von Vorrichtung und Werkzeugmaschine

Reine Spannvorrichtungen werden meist fest, Bohrspannvorrichtungen meist lose mit der Bearbeitungsmaschine verbunden. Spannvorrichtungen für die Bearbeitung auf Drehmaschinen schraubt man entweder unmittelbar auf die Spindel entsprechend Bild 4.403 oder flanscht sie gemäß Bild 4.404 an. Die Paßflächen am Flansch können jederzeit nachgearbeitet und so eventuell auftretende Lauffehler beseitigt werden. Es ist sinnvoll, die Zentrieransätze innerhalb der eingesetzten Maschinenarten gleich zu wählen und auch die Durchmesser für die Befestigungslöcher so auszuführen, daß die Vorrichtungen an allen Maschinen passen.

Bild 4.403

Bild 4.404

Bilder 4.403 und 4.404. Fliegende Spanndorne.

Auf Maschinentischen befestigte Vorrichtungen sind i. allg. mit einer Führungsleiste a versehen, die in die als Führungsnute vorgesehene Tischnute eingreift. Zur Festspannung sind Spanneisen üblich, die in Bild 4.405 als Sonderspanneisen b_1 und b_2 ausgeführt sind. Diese Vorrichtung ist mit einem schwenkbaren Oberteil c versehen, welches mittels Keilschraube e auf dem Unterteil d befestigt ist. Die Ausführung mit Schwalbenschwanznut gestattet eine Schwenkung um eine Achse, ohne daß eine seitliche Lageveränderung erfolgt. Einlagen zum Spielausgleich für Schwalbenschwanzführungen sind in den Bildern 4.406 bis 4.408 dargestellt. Die Nachstellung erfolgt hier mittels Schrauben.

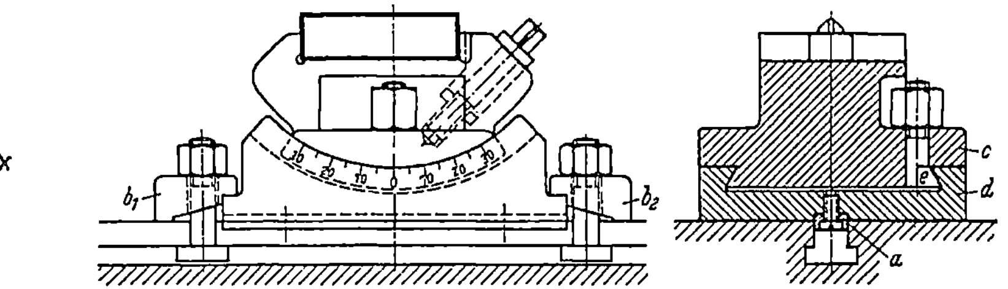

Bild 4.405. Festspannen einer Vorrichtung bzw. eines Vorrichtungsteils. a Führungsleiste (hierfür besser Führungsscheiben wie in Bild 4.409), b_1 und b_2 Sonderspanneisen, c schwenkbares Oberteil, d Unterteil, e Keilschraube.

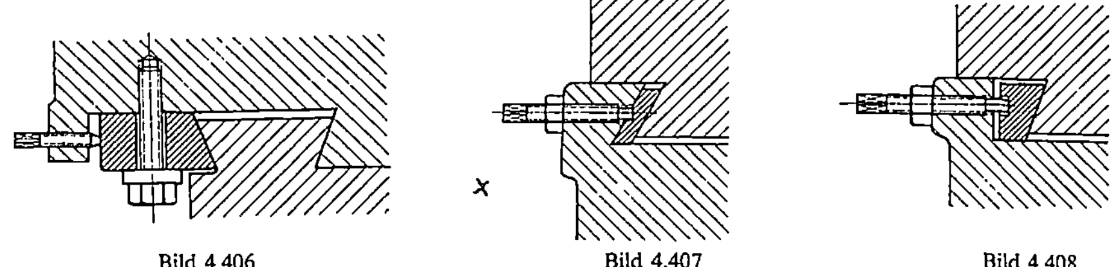

Bild 4.406   Bild 4.407   Bild 4.408

Bilder 4.406 bis 4.408. Verschiedenartige Ausführungen von Schwalbenschwanznuten mit Paß- bzw. Einlegekeilen.

Anstelle einer längeren Führungsleiste an einer Vorrichtung können auch zwei gehärtete und auf Maß geschliffene Führungsscheiben an der Vorrichtung angebracht werden (Bild 4.409). Diese Lösung ist kostengünstiger als eine lange Führungsleiste. Vorrichtungen können auch unmittelbar auf dem Maschinentisch mit Hilfe von Befestigungslappen und Spannschrauben befestigt werden (Bild 4.410). Richtwerte für die Gestaltung enthält Tabelle 4.2.

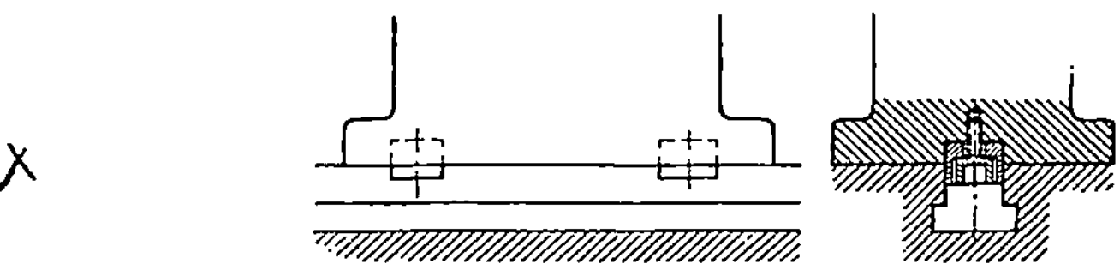

Bild 4.409. Ausrichten einer Vorrichtung auf der Werkzeugmaschine mittels Führungsscheiben.

106

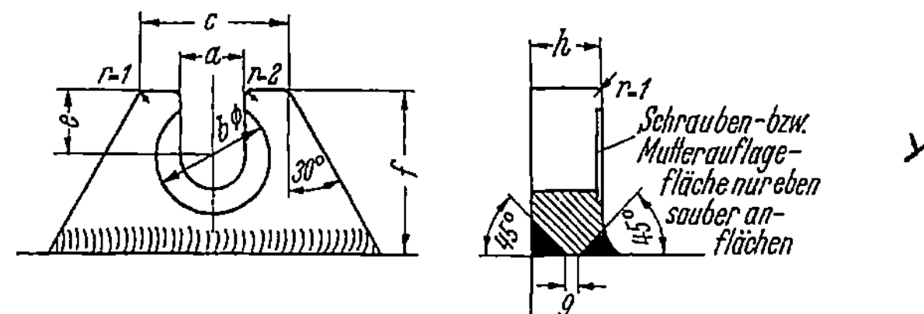

Bild 4.410. Befestigungslappen. Maße vgl. Tabelle 4.2.

Tabelle 4.2. Richtwerte für die Maße von Befestigungslappen (vgl. Bild 4.410)

Spann-schrauben-durch-messer d	a	b	c	e	f	g	h	r_1	r_2
M 10	12	23	35	14	35	1	18	3	1
M 12	14	26	38	18	42	2	20	3	1
M 14	16	30	42	20	50	2	22	3	1
M 16	18	32	44	22	54	2	24	4	2
M 18	20	36	46	26	64	3	28	4	2
M 20	23	40	48	28	66	3	30	4	2
M 22	25	44	52	32	74	4	32	5	2
M 24	27	48	56	34	78	5	34	5	2
M 27	30	55	58	38	86	6	36	6	3
M 30	33	60	62	42	96	6	40	6	3

Bohrspannvorrichtungen, die bei Benutzung hin- und hergeschoben werden müssen, erhalten Füße, die auf Sauberkeit und gute Auflage hin geprüft werden können. Bei vier Auflagefüßen machen sich Auflagefehler sofort durch Wackeln bemerkbar, was bei drei Füßen nicht der Fall ist. Deshalb sind hier mindestens vier Füße sinnvoll. Man kann Füße einsetzen, angießen, anschweißen oder herausfräsen (Bilder 4.411 und 4.412). Die Querschnittsgröße der Füße sollte die Nuten der Maschinentische überbrücken (Bild 4.412). Die Fußhöhe kann je nach Vorrichtungsgröße zwischen 2 und 10 mm betragen. Je weiter die Füße im Verhältnis zur Höhe auseinanderstehen, um so sicherer wird die Vorrichtung bei der Be-

Bild 4.411. Mit Preßsitz eingesetzter Fuß.

Bild 4.412. Fußausbildung an Kippbohrspannvorrichtungen.

nutzung stehen (Bild 4.413). Proportionen, wie die voll ausgezogene
Darstellung in Bild 4.414, sollte man aus Gründen der Kippgefahr
vermeiden und lieber die Vorrichtung gemäß der gestrichelten Figur
ausführen.

Das beim Bohren auftretende Drehmoment wird bei weit ausein-
anderliegenden Füßen durch deren Reibwiderstand auf dem Maschinentisch aufgenommen. Bei kleineren Vorrichtungen muß ein
Handgriff oder ein Anschlag angebracht werden (Bild 4.415). Größere Vorrichtungen sichert man durch Leisten auf dem Maschinentisch. Gefährlich kann das Bohren von Blechen beim Austreten des
Bohrers werden, wenn sich eine Bohrerschneide verfängt und damit
das Bohrmoment sprunghaft ansteigt. Das Bohren schräg verlaufender Löcher ist immer umständlich. Die Bilder 4.416 bis 4.418 zeigen
Bohrkästen entsprechender Gestaltung, die dazu geeignet sind.
Auch hier sind entsprechende Maßnahmen zum sicheren Auffangen
des Bohrmoments angedeutet.

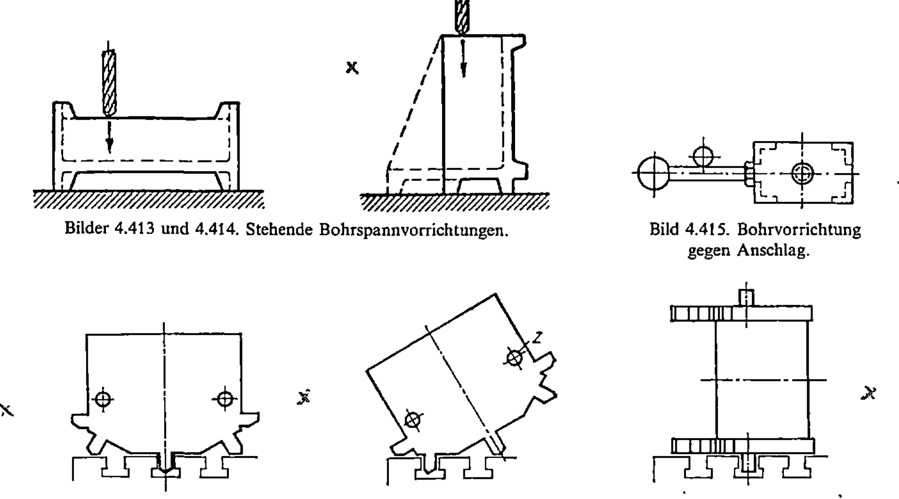

Bilder 4.413 und 4.414. Stehende Bohrspannvorrichtungen.

Bild 4.415. Bohrvorrichtung
gegen Anschlag.

Bilder 4.416 bis 4.418. Geneigte Füße an einem Bohrkasten zum Mitbohren schräg verlaufender Löcher [5].

Durch konstruktive Maßnahmen werden Mehrfachspannvorrich-
tungen, die geschwenkt oder verschoben werden müssen, leicht be-
wegbar gemacht. Bild 4.419 läßt eine solche Vorrichtung erkennen.
Durch Betätigen des Handhebels a in der einen Richtung, wird das
schwenkbare Oberteil der Vorrichtung durch das Gewinde bei b
etwas angehoben. Damit hebt es von der Auflagefläche c ab und läßt
sich auf dem Axiallager d leicht drehen. Beim Betätigen des Hebels
entgegengesetzt wird das Oberteil wieder abgesenkt und mit dem
Unterteil fest verspannt. Der Stift e dient als Anschlag in einer
Halbkreisnute des Oberteils. In Bild 4.420 ist eine Doppel-
Bohrspannvorrichtung, deren Oberteil teilweise schematisch darge-

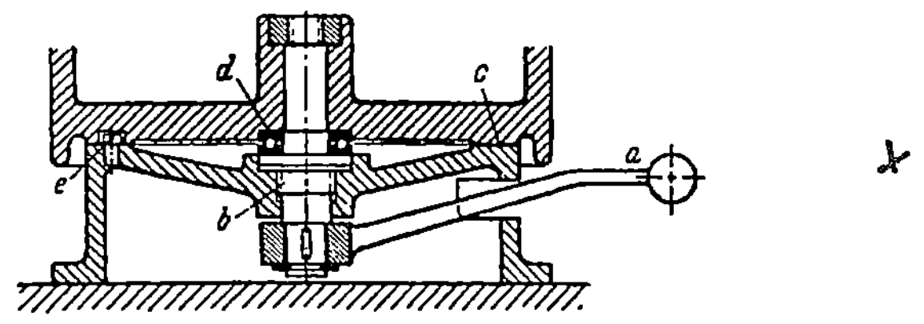

Bild 4.419. Verbindung eines schwenkbaren Oberteils mit dem Unterteil einer Vorrichtung. *a* Handhebel, *b* Gewindezapfen, *c* Auflagefläche, *d* Längsrillenlager, *e* Anschlagstift.

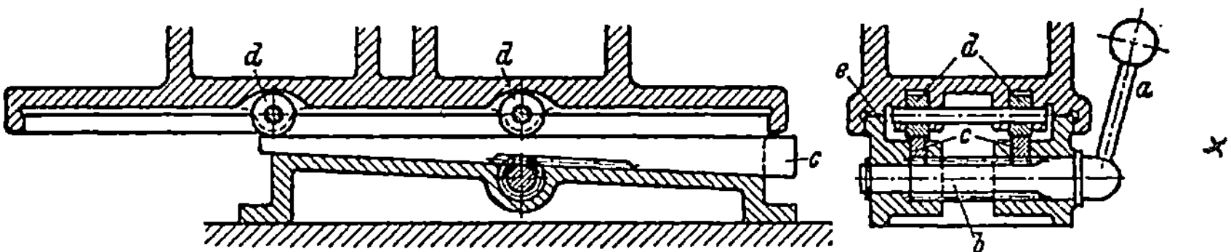

Bild 4.420. Verbindung des verschiebbaren Oberteils einer Vorrichtung mit ihrem Unterteil. *a* Handhebel, *b* Ritzelwelle, *c* geneigte Schienen, *d* vier Rollen, *e* Tragflächen.

stellt ist, zu sehen. Durch den Handhebel *a* werden mit der Ritzwelle *b* zwei Schienen *c* bewegt und dabei gegen vier Rollen *d* gedrückt. Dadurch wird das Oberteil so angehoben, daß es auf den Rollen laufend leicht bewegt werden kann. In den Endlagen werden die Schienen wieder zurückbewegt, bis die Rollen entlastet und die Tragfläche *c* belastet werden.

5 Ergänzende Ausführungen

5.1 Theoretische Grundlagen zum Bestimmen (Positionieren), Spannen, Stützen

Die Tätigkeiten des Bestimmens, Spannens und Stützens sind wesentlich für das Funktionieren einer Vorrichtung. Im folgenden sollen hierzu einige theoretische Grundlagen zusammengestellt werden. Diese Grundlagen, zielorientiert interpretiert (d.h. z.B. für ein empfindliches feinwerktechnisches Teil geringste Deformation beim Spannen und Stützen) sind immer eine wichtige Voraussetzung für die kostengünstige Neuentwicklung einer Vorrichtung.

Eine erste Kategorie von Begriffen, die bei der Abstraktion im Produktklassenbereich „Vorrichtungen" im Zusammenhang mit dem Bestimmen auftreten, sind die *Bezugsebenen, Bestimmebenen, Werkstückbestimmflächen* und *Vorrichtungsbestimmflächen.* Diese für die Toleranzsituation wichtigen Festlegungen bei der Gestaltung einer Vorrichtung findet man in Bild 5.1. Für eine weitere Bearbeitung des dort dargestellten Werkstücks sind als Bestimmebenen die Ebenen *3* und *4* gewählt. Sollte für die weitere Bearbeitung des Werkstücks (z.B. einer Bohrung) der Abstand zum Schlitz wesentlich sein, so könnte man auch die Bestimmung im Schlitz vornehmen.

Die konstruktive Grundregel für die Wahl der Bestimmflächen ist also die Beachtung der geforderten Werkstücktoleranzen. Stets wird man einen möglichst großen Abstand der Bestimmpunkte anstreben.

Eine zweite Kategorie von Begriffen für das Bestimmen, Spannen und Stützen läßt sich aus dem *Laufgradbegriff* der Getriebelehre bilden, den man auf das System „Vorrichtung – Bestimmelemente – Werkstück" anwenden kann. Man kann damit die statische Bestimmtheit bzw. Überbestimmtheit eines Systems rechnerisch ausdrücken. Ein starrer Körper (Werkstück) besitzt im Raume sechs *Freiheitsgrade*: drei geradlinige in Richtung seiner Koordinatenachsen (translatorische) und drei drehende um diese Koordinatenachsen (rotatorische). Zur Positionierung müssen alle sechs Freiheitsgrade aufgehoben werden. Dies kann z.B. mit dem sehr anschaulichen

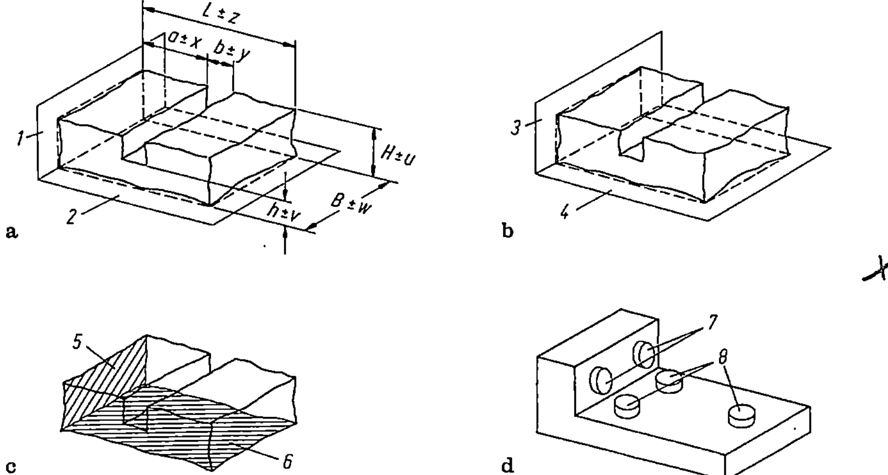

Bild 5.1 a–d. Begriffsfestlegungen für Ebenen und Bestimmflächen im Zusammenhang mit dem Bestimmen. a) Werkstück W mit übertrieben gezeichneter Realgestalt; *1,2* Bezugsebenen des Werkstücks (Idealebenen). b) *3* Bestimmebene I des Werkstücks, *4* Bestimmebene II des Werkstücks (Idealebenen). Man könnte z.B. auch die Bestimmebenen in den Schlitz legen! c) *5* Werkstückbestimmfläche I, *6* Werkstückbestimmfläche II (Realflächen). d) *7* Vorrichtungsbestimmfläche I, *8* Vorrichtungsbestimmfläche II (Realflächen).

geometrisch-funktionalen Modell des *Stützstabes* gedanklich vorgenommen werden. Ein solcher Stützstab besteht aus zwei Kugeln, die mittels eines Zylinders verbunden sind. Die Kugeln ruhen reibungsfrei in Kugelschalen und letztere sind mit dem festzulegenden Werkstück und dem Vorrichtungskörper fest verbunden zu denken (Bild 5.2). Ein solcher Stützstab kann also nur Kräfte in seiner Achsrichtung übertragen. Um ein Werkstück festzulegen, sind sechs solcher Stützstäbe – pro Freiheitsgrad einer – erforderlich. Die Anordnung dieser Stützstäbe muß folgende Bedingungen erfüllen, wenn das Werkstück statisch bestimmt gelagert sein soll:

– Es darf sich durch die gegebenen sechs Stützstabrichtungen keine Gerade legen lassen, die die sechs von den Stützstäben definierten Raumgeraden schneidet.

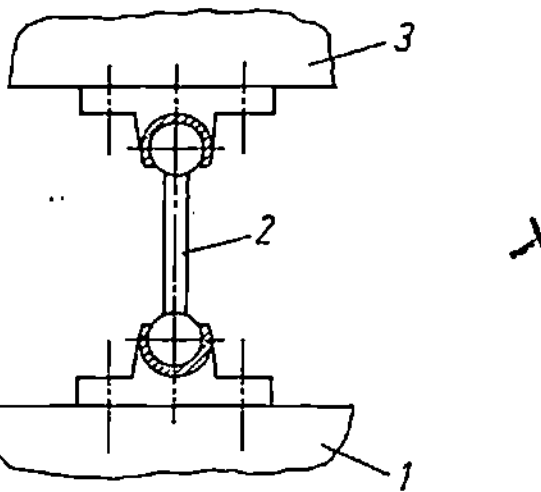

Bild 5.2. Geometrisch-funktionales Modell eines Stützstabes. *1* Vorrichtungsgrundkörper, *2* Stützstab, *3* Werkstück.

111

– Es dürfen sich nicht mehr als drei Stützstabrichtungen in einem Punkt schneiden.

– Es dürfen nicht mehr als drei Stützstäbe in einer Ebene liegen.

Ergänzung: Was heißt statisch bestimmt gelagert?

Wird auf das Werkstück eine beliebig orientierte Spannkraft ausgeübt, so lassen sich mit Hilfe der sechs Gleichgewichtsbedingungen der Statik die in allen Stützstäben hervorgerufenen Reaktionskräfte ausrechnen. Die statisch bestimmte Auflagerung hat u.a. den Vorteil, daß die bei der Festspannung auftretenden Deformationen rechnerisch überschaubar bleiben. Ferner treten bei Änderungen an den Stützstäben (Länge bzw. Auflagestelle) keine Zusatzkräfte im Werkstück auf (Bild 5.3). Bei der praktischen Ausführung der Auflagerstellen kann man natürlich keine idealen Stützstäbe realisieren. Man benutzt entsprechend ausgeführte *Stützpunkte*. Manche Ausfüh-

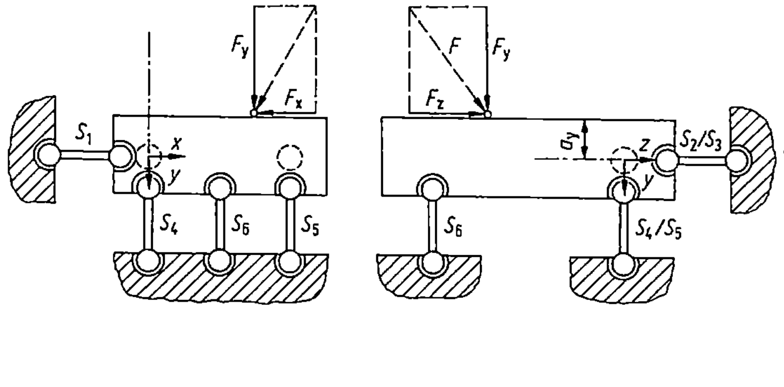

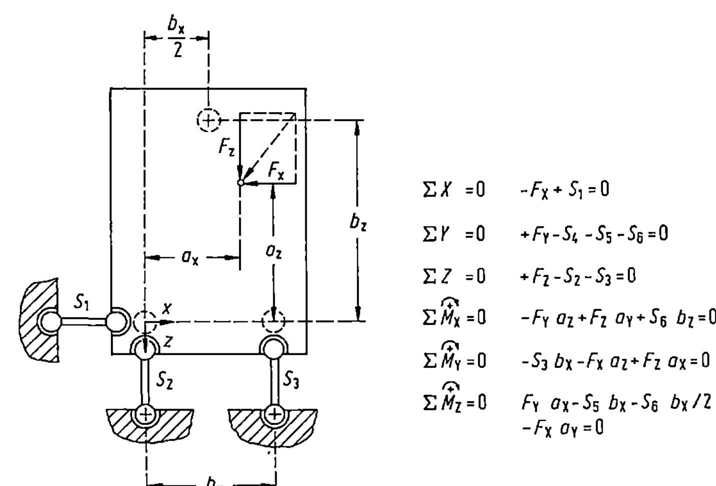

$$\Sigma X = 0 \qquad -F_x + S_1 = 0$$

$$\Sigma Y = 0 \qquad +F_y - S_4 - S_5 - S_6 = 0$$

$$\Sigma Z = 0 \qquad +F_z - S_2 - S_3 = 0$$

$$\Sigma \widehat{M}_x = 0 \qquad -F_y\, a_z + F_z\, a_y + S_6\, b_z = 0$$

$$\Sigma \widehat{M}_y = 0 \qquad -S_3\, b_x - F_x\, a_z + F_z\, a_x = 0$$

$$\Sigma \widehat{M}_z = 0 \qquad F_y\, a_x - S_5\, b_x - S_6\, b_x/2 - F_x\, a_y = 0$$

Bild 5.3. Gleichgewichtsbedingungen für die statisch bestimmte Lagerung einer Platte auf sechs Stützstäben im Gestell (schraffiert). Zahl der beteiligten Glieder: $n = 8$ (6 Stützstäbe + Platte + Gestell).

rungen können sich der Werkstückoberfläche anpassen. Stets sollte man sich bei der konstruktiven Anordnung der Stützpunkte den Idealfall des Stützstabmodells vor Augen halten.

Nachdem die kräftefrei zu denkende Bestimmung des Werkstücks erfolgt ist, sollten die beim Aufbringen der Spannkraft im Werkstück entstehenden Kräfte keine solche Deformationen hervorbringen, daß sie beim Bearbeiten und nach der Entspannung zu unzulässigen Veränderungen der Werkstückmaße und -form führen. Auch darf beim Spannen der zuvor erfolgte Bestimmvorgang nicht wieder rückgängig gemacht werden. Das Bestimmen und Spannen ist also immer als ein kombiniertes Problem anzusehen. Auch das nach dem Spannen, besonders bei labilen Werkstücken, erforderliche Stützen zur Aufnahme von Bearbeitungskräften gehört zu dem Problemkreis Bestimmen, Spannen, Bearbeiten. Man kann diesen Problemkreis demnach wie folgt kennzeichnen:

- Statisch bestimmt Positionieren (Bestimmen),
- Deformationsarm spannen unter Erhaltung der Positionierung,
- Bearbeitungsgerecht stützen.

Rechnerisch kann man die statisch bestimmte Lagerung als ein Getriebe mit dem Laufgrad $F = 0$ ansehen. Die Beziehung [21]:

$$F = 6\,(n - 1) - \sum_g u - \sum_g f_{id} \qquad (5.1)$$

stellt den allgemeinen Zusammenhang dar zwischen der Zahl

- der beteiligten Glieder n,
- der Unfreiheit in allen Gelenken $\sum_g u$,
- und der identischen Freiheitsgrade $\sum_g f_{id}$

Die Korrektur, die überzählige Starrheiten bzw. geometrische Sonderfälle erfaßt, sei hier nicht näher betrachtet [21]. Wenn statisch bestimmt gelagert ist, wird $F = 0$.

Beispiel 1: Teil *3* über Stützstab an Gestellen *1* (Bild 5.2).
Zahl der beteiligten Glieder:

$$n = 3\,.$$

Zahl der Unfreiheiten in einem Kugelgelenk:

$$u = 3 \text{ (drei Translationen), insgesamt zwei Gelenke.}$$

Zahl der identischen Freiheitsgrade:

$$f_{id} = 1$$

Drehung des Stützstabes um seine Achse ohne Konsequenz für die relative Stellung zwischen Teil *1* und *3*.
Damit wird für zwei Gelenke nach Gl. (5.1)

$$F = 6\,(3 - 1) - 3 \cdot 2 - 1 = 5\,.$$

d.h. es bestehen fünf Freiheiten zwischen Glied *1* und *3*, oder: man benötigt fünf Koordinatenangaben, um die Lage von *3* relativ zu *1* zu definieren.

Beispiel 2: Platte über sechs Stützstäbe im Gestell (Bild 5.3).
Zahl der beteiligten Glieder:

$$n = 8 \text{ (sechs Stützstäbe } + \text{ Platte } + \text{ Gestell)}\,.$$

Zahl der Unfreiheiten:

$$u = 3 \text{ je Gelenk, insgesamt zwölf Gelenke}\,.$$

Zahl der identischen Freiheitsgrade:

$$f_{\mathrm{id}} = 6$$

Damit gilt für die Platte nach Gl. (5.1)

$$F = 6\,(8 - 1) - 3 \cdot 12 - 6 = 42 - 36 - 6 = 0\,,$$

d.h. statisch bestimmte Lagerung!

Bringt man nun ein zusätzliches Spannorgan an der Platte des Beispiels 2 so an, daß dieses in die Stützstäbe gespannt wird (Krafteinleitung!), dann kann man diese Spannungswirkung als von einem weiteren Stützstab erzeugt ansehen. Nach Gl. (5.1) wird

$$F = 6\,(9 - 1) - (3 \cdot 14) - 7 = 48 - 42 - 7 = -1\,,$$

d.h. das System nach Bild 5.4 besitzt den Laufgrad $F = -1$ und ist damit einfach statisch unbestimmt. Wegen weiterer Einzelheiten zum Laufgrad vergleiche man [31].

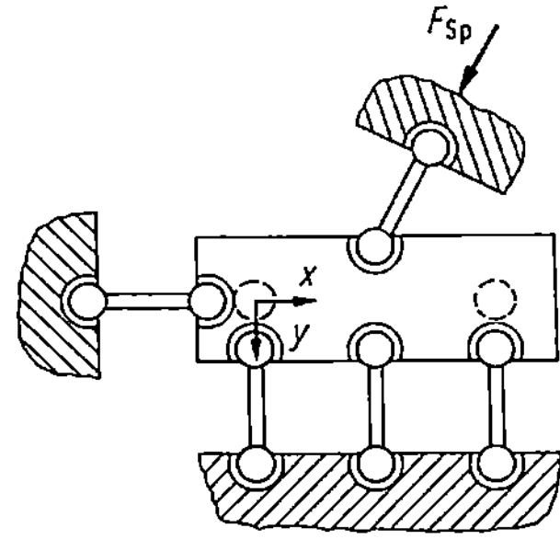

Bild 5.4. Änderung der Gleichgewichtsbedingungen nach Bild 5.3 durch Aufbringen einer Spannkraft F_{Sp}.

Ergänzung: Bestimmen und Spannen empfindlicher, genauer Teile.
Bestimmen

Für den Bestimmvorgang eines Werkstücks in einer Vorrichtung kann
man, wie schon erwähnt, folgende Flächen gedanklich auseinander
halten (vgl. Bild 5.1):

- Bezugsebenen des Werkstücks.
  Die Bemaßungs- und Toleranzangaben des Werkstücks werden auf
  bestimmte Ebenen bezogen, wobei man den späteren Verwen-
  dungszweck des Werkstücks zugrunde legt (Funktionsbemaßung!).
  Diese idealen Bezugsebenen „hängen" also gedanklich am Werk-
  stück.
- Bestimmebenen des Werkstücks.
  Dies sind jene Ebenen, auf denen, wiederum ideal gedacht, die
  Bestimmung des Werkstücks in der Vorrichtung erfolgt.
  Regel: Bezugsebene und Bestimmebene sollten möglichst zusam-
  menfallen.
- Die Bestimmflächen von Werkstück und Vorrichtung.
  Dies sind jene realen Flächen, auf denen die Bestimmung wirklich
  erfolgt. Danach gibt es also Werkstückbestimmflächen und Vorrichtungsbestimmflächen. Zwischen beiden bildet sich die Kontaktfläche aus, die die Bestimmung realisiert. Diese Betrachtung zeigt,
  daß sich bei gleichen Werkstücken mit ihren nie vermeidbaren Abweichungen, stets eine neue Kontaktfläche ausbildet. Die Bestimmflächen können – je nach Ausbildung und wirksamen Spannkräften – zu Überbestimmungen bzw. Deformationen des Werkstücks
  führen. Stellvertretend für die Problematik zeigen die Bilder 5.5 und
  5.6 die Verhältnisse bei Hertzscher Pressung von Kugel auf Platte
  für Stahl. Die statische Beanspruchbarkeit, wenn keine nachweisbar
  bleibenden Eindrücke hinterlassen werden sollen, beträgt für gehärtete Kugel auf gehärteter Platte:

$$p_{H\ zul} = 1600 \text{ N/cm}^2 = 16 \text{ N/mm}^2 .$$

Hochgenaues Bestimmen für kleinste Bearbeitungskräfte bei sehr
genauer Bearbeitung (oder Messung) kann z.B. bei Röntgentele-
skopspiegeln [22] dadurch erfolgen, daß man auf dem Tisch der
Bearbeitungsmaschine luftgelagerte Dreifüße benutzt, die sich nach
den Stützpunkten des Werkstücks über Kugeln kräftefrei einstellen. Mit einem elastischen Element kann man das Werkstück auf
den „schwimmenden" Dreifüßen in eine V-Lagerstelle hineinzie-
hen. Diese Art der Bestimmung ist sehr kräftearm und wohldefi-
niert (Bild 5.7).

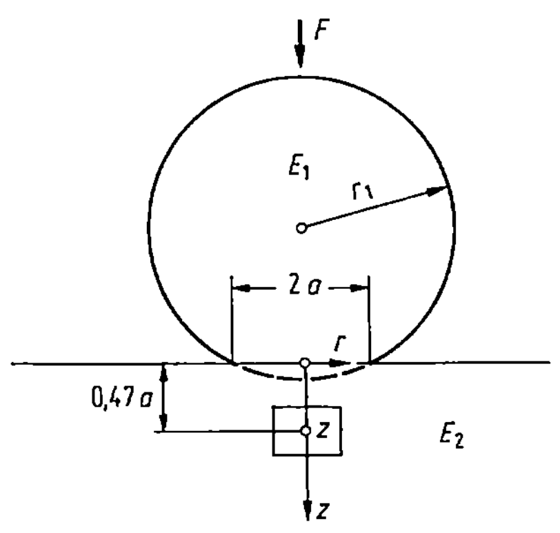
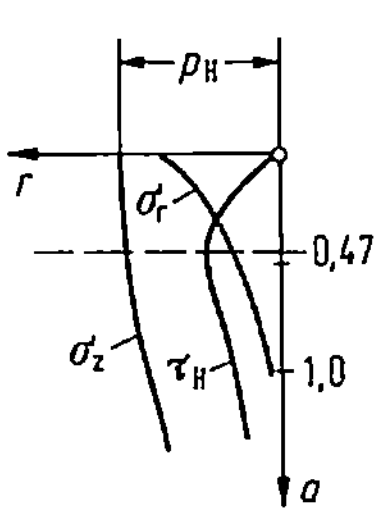

$$Z = 0: \qquad p_H = -0,388\,\sqrt[3]{\dfrac{F\,E^2}{r^2}} \quad ; \quad r = r_1 \ \text{Kugel}$$

$$a = 1,11\,\sqrt[3]{\dfrac{F\,r}{E}} \quad ; \quad E = \dfrac{2\,E_1\,E_2}{E_1 + E_2}$$

$Z = 0,47\,a$: Stelle der größten Materialanstrengung

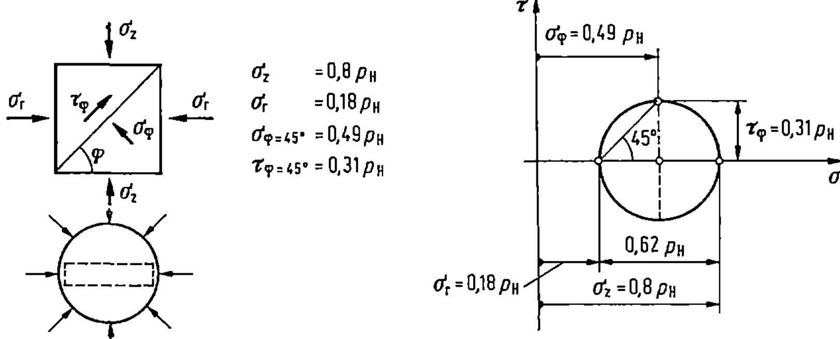

Bild 5.5. Spannungsverteilung nach Hertz unter einem kugelförmigen Druckpunkt auf ebener Platte (Stahl/Stahl, homogen, isotrop).

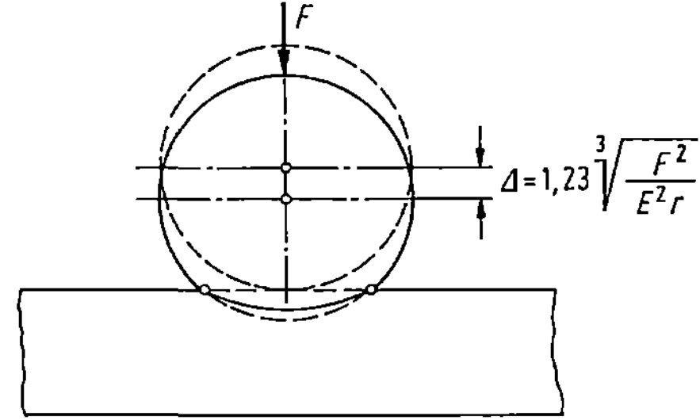

Bild 5.6. Annäherung der beiden im Bild 5.5 gezeigten Körper.

116

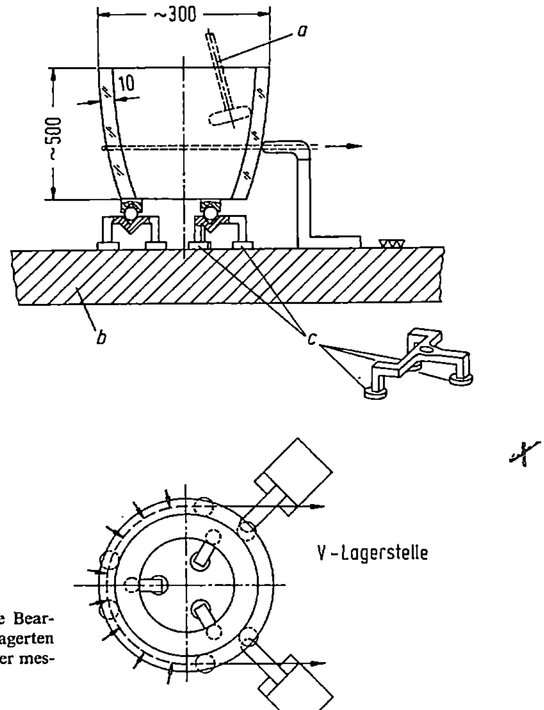

Bild 5.7. Hochgenaues Bestimmen für kleinste Bearbeitungskräfte unter Verwendung von luftgelagerten Dreifüßen und eines V-Lagers. *a* bearbeiten oder messen, *b* Maschinentisch, *c* Luftlager.

Spannen

Um eine ausreichende Befestigung des Werkstücks bei gleichzeitig geringster Werkstückdeformation zu erreichen, müssen u.a. zwei Maßnahmen getroffen werden:

- Die Spannkräfte müssen auf ein Minimum begrenzt werden, was durch Rechnung aus den Bearbeitungskräften (oder aus Versuchen) hergeleitet werden kann.
- Der Spannkraftfluß muß auf möglichst kurzem Wege von den Spannkraft-Einleitungsstellen durch das Werkstück zu den Auflagepunkten geführt werden.

Eine grobe Abschätzung der erforderlichen Spannkraft bei kraftschlüssigem Spannen kann z.B. dadurch erfolgen, daß man sich die gesamte Antriebsleistung in Zerspanleistung umgesetzt denkt, daraus die Schneidkraft bestimmt und die dann dafür erforderliche Spannkraft ermittelt. Die folgenden Betrachtungen veranschaulichen diese rohe Abschätzung, die für empfindliche feinwerktechnische Teile i. allg. viel zu große Werte für die Spannkraft liefert. Für die Größen

117

F_S Schneidkraft,

F_Sp Spannkraft,

F_Rmax max. mögliche Reibkraft, die die Spannkraft F_Sp erzeugen kann,

P Antriebsleistung,

v Schneidgeschwindigkeit,

μ Reibwert der Ruhe,

η Wirkungsgrad des Antriebs,

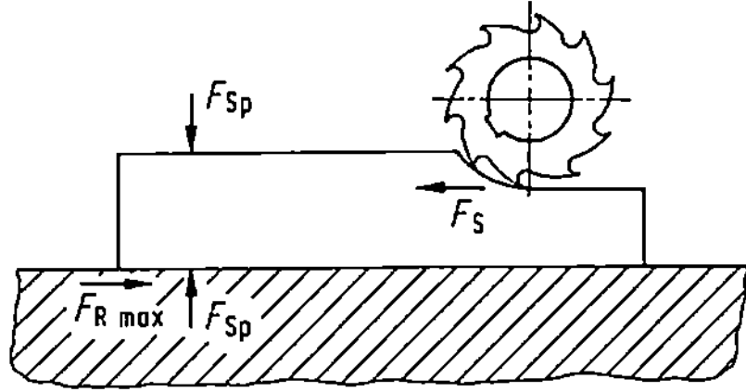

Bild 5.8. Zur überschlägigen Ermittlung der Spannkraft aus der Zerspanungsleistung.

bestehen die Beziehungen bzw. Bedingungen (Bild 5.8):

$$P = \frac{F_\mathrm{S} \cdot v}{\eta} \qquad F_\mathrm{Rmax} \geq F_\mathrm{S} \qquad F_\mathrm{Rmax} = F_\mathrm{Sp}\,\mu.$$

Daraus ergibt sich die erforderliche Spannkraft

$$F_\mathrm{Sp} \leq \frac{P\,\eta}{\mu\,v}.$$

Die Zusammenhänge zwischen den auf die Bestimmpunkte A,B und C bezogenen Spannkraftwirklinien und Reibwinkeln zeigt Bild 5.9. Es wurde bereits erwähnt, daß beim Spannvorgang die Positionierung erhalten bleiben muß!

Wegen der an jedem Bestimmpunkt üblicherweise auftretenden Reibkräfte kann der Fall eintreten, daß ein Werkstück – in einer Ebene betrachtet – nur an zwei von drei Bestimmpunkten anliegt, wenn die Spannwirklinie durch den Bereich der gemeinsamen Reibwinkel weist (Bild 5.9c). Die Anlage am dritten Bestimmpunkt fehlt dann, das Werkstück liegt undefiniert in der Vorrichtung. Die Begründung folgt aus einem Satz der ebenen Statik, wonach drei Kräfte in der Ebene im Gleichgewicht stehen, wenn sie sich in einem Punkt schneiden und sich das aus ihnen gebildete Krafteck schließt. Für den räumlichen Fall hat man die Reibkegel an den Berührpunkten einzutragen und sinngemäß zu verfahren.

Stützen

Nach dem Bestimmen und Spannen kann bzw. muß für labile Werkstücke ein Stützvorgang erfolgen. Die Stützbolzen müssen im

118

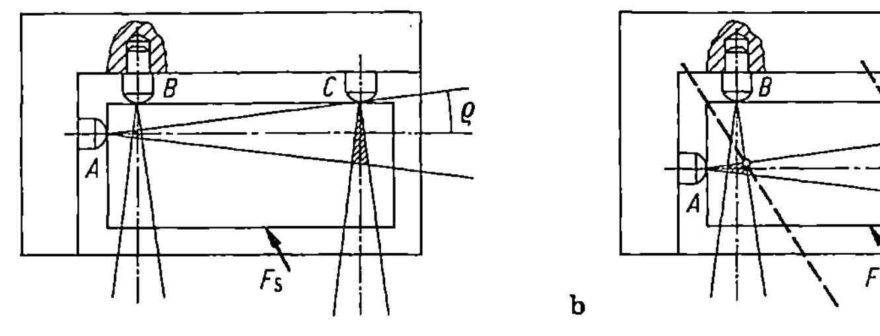

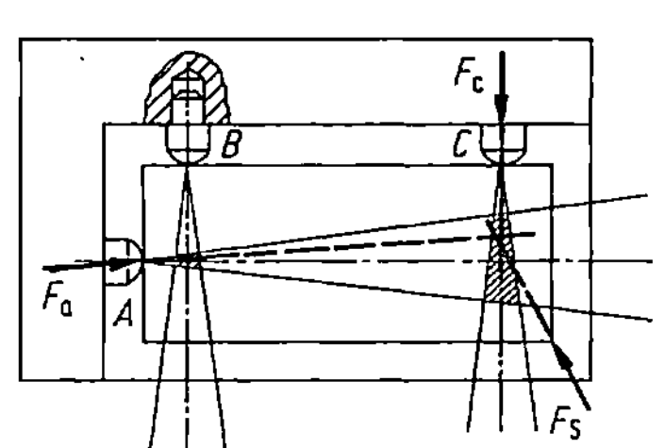

Bild 5.9 a–c. Spannkraftwirklinien und Reibwinkel, bezogen auf ihre Lage zu den Bestimmpunkten. a) tan $\varrho = \mu$, einwandfreie Bestimmung, Auflage an allen Punkten. b) Bereich, in dem die Spannkraft liegen darf, um einwandfreie Bestimmung zu erhalten. c) F_a, F_c und F_S können im Gleichgewicht sein, keine einwandfreie Bestimmung, F_B kann Null sein!

Idealfall kräftefrei an die Werkstückkontur herangefahren und dann hermetisch fixiert werden. Mit handelsüblichen Bauteilen, sogenannten Klemmhülsen, kann eine sehr individuelle Abstützung erfolgen (vgl. Bild 4.269).

5.2 Konstruktion und Berechnung von Spannexzentern

Ein wichtiges Spannelement im Vorrichtungsbau ist der Exzenter, der in zwei Grundformen – als Kreisexzenter und als Spiralexzenter – mit vielen Variationen vorkommt [1].

Im folgenden Abschnitt sollen die geometrisch-funktionalen Zusammenhänge der Exzenter anhand von Fragen wie

– welche Spannkräfte lassen sich mit einer bestimmten Handkraft erzielen?
– wie hängen diese Kräfte mit den gewählten geometrischen Parametern zusammen?
– ist ein Exzenter selbsthemmend?

anschaulich herausgearbeitet werden. Wir machen dazu eine geometrische Analyse des Bewegungsablaufs beim Spannvorgang und schließen daran eine Betrachtung der Kraftwirkungen an, die durch die geometrischen und stofflichen Parameter bedingt sind. Die Formeln und Tabellen sind so aufgebaut, daß die Berechnung, die Herstellung und Prüfung eines gewählten Exzenters problemlos möglich ist. Die gewählten Beispiele bilden eine Grundlage für die erzielbaren Größenverhältnisse.

5.2.1 Geometrie und Kräfte am Kreisexzenter

Geometrische Analyse Kreiszylinder.

In Bild 5.10 ist ein bei O gelagerter Kreisexzenter vom Durchmesser $D = 2R$ in seinem Bewegungsablauf beim Spannen in vier Phasen dargestellt. Er berührt die vertikal geführte Druckplatte bei C. Für die Nullstellung, d.h. $\varphi = 0$, ist die Exzentrizität e_0 gegeben aus der Entfernung der Mittelpunkte OM. Nach Bild 5.10 gilt ferner:
Seitliche Auswanderung von C

$$e = e_0 \sin \varphi, \tag{5.2}$$

Höhenlage von O über der Druckplatte

$$f = R - e_0 \cos \varphi, \tag{5.3}$$

vertikale Verlagerung von M

$$s = e_0 (1 - \cos \varphi). \tag{5.4}$$

Für den Keilwinkel α (Winkel zwischen der Normalen auf OC in C und der Horizontalen HH') gilt:

$$\tan \alpha = \frac{e}{f} = \frac{e_0 \sin \varphi}{R - e_0 \cos \varphi} = \frac{\dfrac{e_0}{R} \sin \varphi}{1 - \dfrac{e_0}{R} \cos \varphi}, \tag{5.5}$$

Man entnimmt den Bildern 5.10 und 5.11, daß beim Kreisexzenter innerhalb eines Schwenkwinkels von $\approx 70°$, d.h. zwischen den Spannlagen von ~ 60 bis $130°$ sich sinnvolle Spannwege ergeben. Bei $\varphi = 0°$ bzw. $\varphi = 180°$ ergeben sich trotz großer Schwenkungen $\Delta\varphi$ keine nennenswerten Spannwege mehr.
Die Tabelle 5.1 zeigt für drei Kreisexzenter die geometrischen Parameter in Abhängigkeit vom Schwenkwinkel φ. Für andere Exzentergeometrien lassen sich mit den Beziehungen der Gl. (5.2) bis (5.5) leicht entsprechende Tabellen aufstellen.

120

Tabelle 5.1. KE 2 – Programm zur Berechnung von Kreisexzentern.

Kreisexzenter

Fall 1:
Exzenterdurchmesser $D = 15$ mm
Handkraft $F_H = 50$ N

Exzentrizität $e_0 = 1$ mm
wirksame Hebellänge $l_{Wirk} = 100$ mm

Schwenkwinkel φ /DEG:	0	30	60	90	120	150	180
Keilwinkel α /DEG:	0,000	4,310	7,053	7,595	6,178	3,420	0,000
Spannweg s /mm :	0,000	0,134	0,500	1,000	1,500	1,866	2,000
Hebel f /mm :	6,500	6,634	7,000	7,500	8,000	8,366	8,500
Abstand e /mm :	0,000	0,500	0,866	1,000	0,866	0,500	0,000
Spannkraft F_{Sp}/N :	5556	3538	2753	2500	2610	3151	4545

Fall 2:
Exzenterdurchmesser $D = 30$ mm
Handkraft $F_H = 100$ N

Exzentrizität $e_0 = 2$ mm
wirksame Hebellänge $l_{Wirk} = 150$ mm

Schwenkwinkel φ /DEG:	0	30	60	90	120	150	180
Keilwinkel α /DEG:	0,000	4,310	7,053	7,595	6,178	3,420	0,000
Spannweg s /mm :	0,000	0,268	1,000	2,000	3,000	3,732	4,000
Hebel f /mm :	13,000	13,268	14,000	15,000	16,000	16,732	17,000
Abstand e /mm :	0,000	1,000	1,732	2,000	1,732	1,000	0,000
Spannkraft F_{Sp}/N :	8333	5306	4130	3750	3914	4727	6818

Fall 3:
Exzenterdurchmesser $D = 45$ mm
Handkraft $F_H = 150$ N

Exzentrizität $e_0 = 3$ mm
wirksame Hebellänge $l_{Wirk} = 200$ mm

Schwenkwinkel φ /DEG:	0	30	60	90	120	150	180
Keilwinkel α /DEG:	0,000	4,310	7,053	7,595	6,178	3,420	0,000
Spannweg s /mm :	0,000	0,402	1,500	3,000	4,500	5,598	6,000
Hebel f /mm :	19,500	19,902	21,000	22,500	24,000	25,098	25,500
Abstand e /mm :	0,000	1,500	2,598	3,000	2,598	1,500	0,000
Spannkraft F_{Sp}/N :	11111	7075	5507	5000	5219	6303	9091

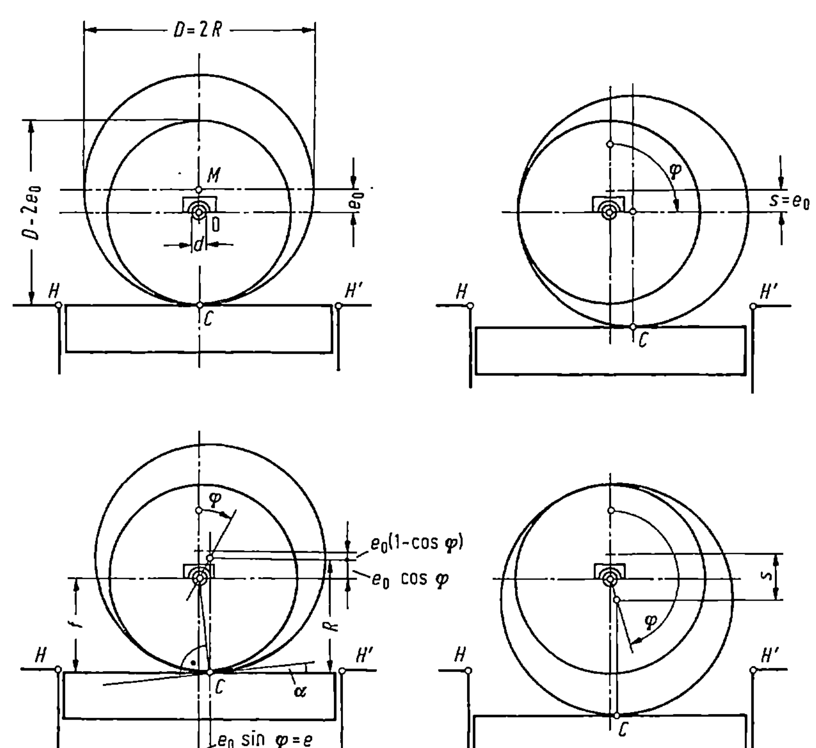

Bild 5.10. In vier Phasen dargestellter Bewegungsablauf eines bei Null gelagerten Kreisexzenters, Exzentrizität $OM = e_0$ in Nullstellung.

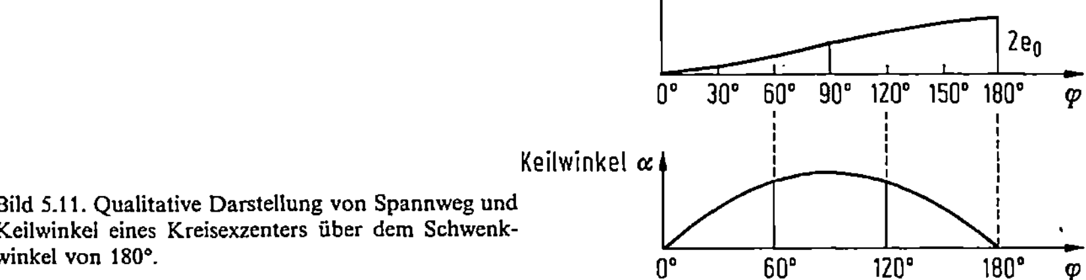

Bild 5.11. Qualitative Darstellung von Spannweg und Keilwinkel eines Kreisexzenters über dem Schwenkwinkel von 180°.

Kraftwirkungen am Kreisexzenter

Am freigemachten Spannexzenter greifen beim Spannvorgang gemäß Bild 5.12 in der gezeigten Stellung die folgenden drei Kräfte an:

– Die Handkraft F_H,
– die Kraft F_1 im Berührpunkt C (aus F_{Sp} und Reibkraft $\mu_1 \cdot F_{Sp}$)
– die Lagerkraft F_2, aus Reib- und Normalkräften vom Lager auf den Zapfen des Exzenters wirkend.

122

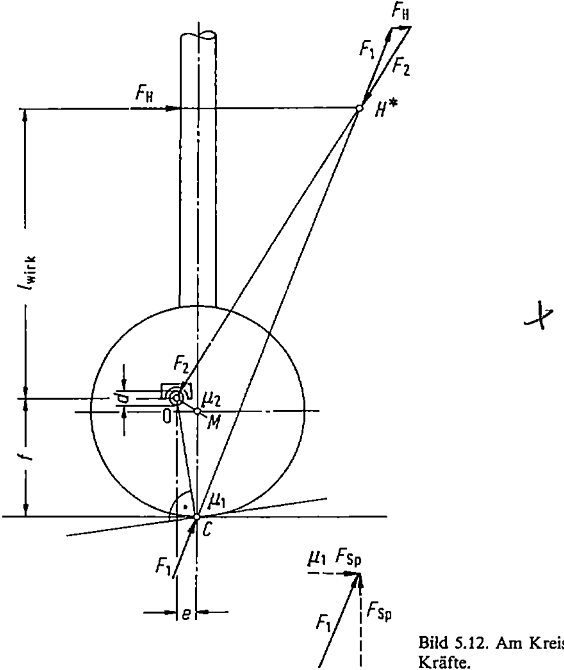

Bild 5.12. Am Kreisexzenter beim Spannen angreifende Kräfte.

Diese drei Kräfte können nach einem Satz der ebenen Statik nur im Gleichgewicht stehen, wenn sie sich in einem Punkt schneiden und sich das aus ihnen gebildete Krafteck schließt, d.h. durch den Schnittpunkt H^* (F_H mit F_1) muß die Lagerkraft F_2 gehen, die angenähert durch O zielt. (Streng: Von H^* als Tangente an den Reibkreis des Zapfens um O!).

Aus Bild 5.12 geht hervor:

$$F_1 = \sqrt{F_{Sp}^2 + \mu_1^2 F_{Sp}^2}$$

Aus den Kraftecken kann man anschaulich erkennen: Weil $F_H + \mu_1 F_{Sp} < F_{Sp}$ ist, wirkt F_2 angenähert vertikal, wie F_{Sp}; d.h. $F_2 \approx F_{Sp}$. Diese Näherung wird in den folgenden Beziehungen verwendet!

Für das Momentengleichgewicht um O beim Spannen gilt weiter:

$$F_{Sp}\, e + f\, \mu_1 F_{Sp} + F_2\, \frac{d}{2}\, \mu_2 - F_H\, l_{\text{Wirk}} = 0$$

(F_2 zielt angenähert durch O!).

Mit $F_2 \approx F_{Sp}$ folgt daraus:

$$F_{Sp}\left(e + f\,\mu_1 + \frac{d}{2}\,\mu_2\right) = F_H\,l_{\text{Wirk}} \qquad (5.6)$$

Im Zustand des Haltens (der Exzenter muß selbsthemmend sein: $\alpha > \varrho_1$, wobei $\varrho_1 = \arctan\mu_1$) ist $F_H\,l_{\text{Wirk}} = 0$, d.h. es gilt:

$$F_{Sp}\left(e + f\,\mu_1 + \frac{d}{2}\,\mu_2\right) = 0 \qquad (5.7)$$

Mit $\mu_1 = \mu_2 = 0{,}1$ folgt:

$$e + 0{,}1\left(f + \frac{d}{2}\right) = 0\,.$$

Der für die Selbsthemmung ungünstigste Fall ist erreicht, wenn $e = e_0$ ist. Dabei gilt $f = D/2$ (Gl. (5.3)) und mit $d = D/3$ (Annahme) folgt:

$$e_0 = -\frac{1}{20}\,(D + d), \quad \text{d.h.} \quad |e_0| \le \frac{D}{15}\,.$$

Wählt man also für einen Kreisexzenter mit D die Werte $d = D/3$ und $e_0 \le D/15$ und gilt $\mu_1 = \mu_2 = 0{,}1$, so ist die Beziehung Gl. (5.7) erfüllt, d.h. der Exzenter ist selbsthemmend. Setzt man diese Größen in die allgemeine Beziehung der Gl. (5.6) ein, so ergibt sich für die mindestens mit dem Kreisexzenter erreichbare Spannkraft:

$$F_{Sp} = \frac{F_H\,l_{\text{wirk}}}{2\,e_0} \qquad (5.8)$$

Dabei $d = D/3$, $\quad e_0 = D/15$, $\quad \mu_1 = \mu_2 = 0{,}1$, $\quad \varphi = 90°$.

Will man die Spannkraft für andere Werte φ bestimmen, so muß man in die Gl. (5.6), die sich aus den Gl. (5.2) und (5.3) ergebenden Werte für e und f einsetzen.

In Tabelle 5.1 ist ebenfalls die gemäß Gl. (5.8) berechnete Spannkraft F_{Sp} für drei gewählte Exzentergrößen und unterschiedliche Handkräfte F_H enthalten. Die Bilder 5.13 bis 5.15 bringen in anschaulicher graphischer Darstellung den Verlauf von Keilwinkeln, Spannweg und Spannkraft beim Kreisexzenter in Abhängigkeit vom

Schwenkwinkel φ. – Der Liniendruck am Exzenterumfang ergibt sich nach Hertz zu:

$$p_{\text{Hertz}} = 0{,}418 \sqrt{\frac{F_{\text{Sp}} \cdot E}{D/2 \cdot b}} \,.$$

Für den Werkstoff 16 MnCr 5 gilt

$$p_{\text{zul}} = 100 \text{ N/mm}^2 \qquad E = 2{,}1 \cdot 10^5 \text{ N/mm}^2$$

Damit die Breite b des Exzenters überprüfen, wenn z. B. D gewählt wurde.

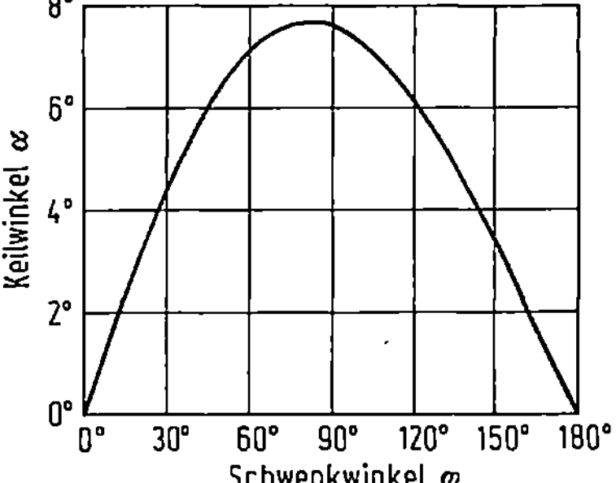

Bild 5.13. Verlauf des Keilwinkels beim Kreisexzenter über dem Schwenkwinkel von 180° aus den Daten der Tab. 5.1, Fall 1.

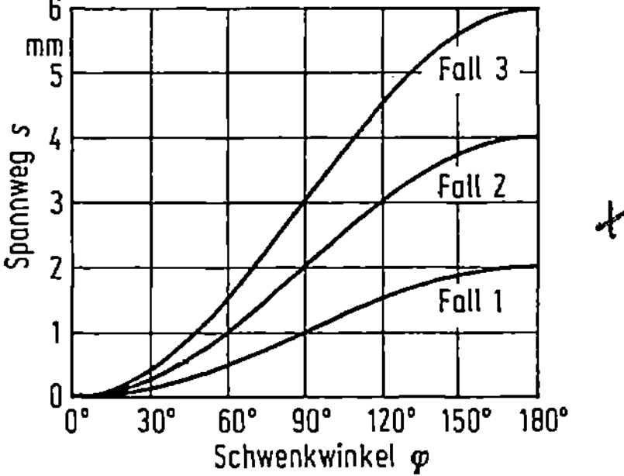

Bild 5.14. Verlauf der Spannwege beim Kreisexzenter über dem Schwenkwinkel von 180° aus den Daten der Tab. 5.1.

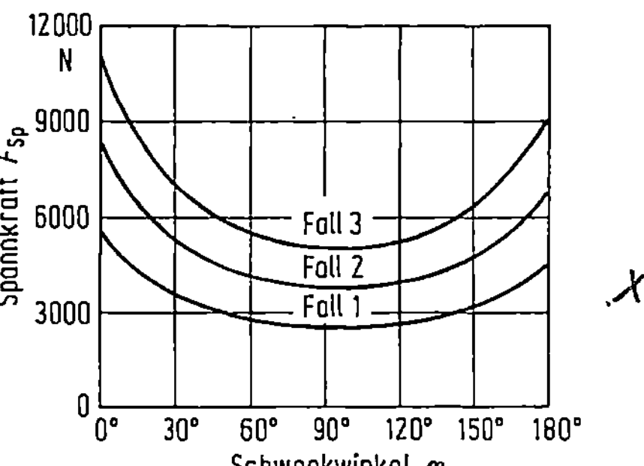

Bild 5.15. Verlauf der Spannkraft beim Kreisexzenter über dem Schwenkwinkel von 180° aus den Daten der Tab. 5.1.

5.2.2 Geometrie und Kräfte am Spiralexzenter

Geometrische Analyse Spiralexzenter

In Bild 5.16 ist ein Spiralexzenter mit einer archimedischen Spirale dargestellt, wobei drei Stellungen eines Spannvorgangs beim Schwenken im Uhrzeigersinne gezeigt sind. Im unteren Teilbild sind die zugrundegelegten Koordinatensysteme gezeigt, wobei für die beiden Endstellungen des Winkelbereichs die Berührpunkte C_1 bzw. C_3

eingetragen sind. Sie berühren die Tangenten an der Spirale, die man sich durch die horizontal liegende Druckplatte realisiert denken kann. Mit dieser Darstellung läßt sich die rechnerische Behandlung sehr übersichtlich gestalten.

Die Gleichung der archimedischen Spirale in Polarkoordinaten lautet für den allgemeinsten Fall:

$$r(\varphi) = \frac{r_0}{2\pi}\,\varphi + r_a \tag{5.9}$$

φ Polarwinkel (Schwenkwinkel), $r(\varphi)$ Leitstrahllänge bei φ, r_0 Änderung der Leitstrahllänge bei einer Umdrehung (Spannweg), r_a Grundkreisradius.

Die Gleichung der archimedischen Spirale im kartesischen Koordinatensystem läßt sich durch Transformation der Gl. (5.9) gewinnen. Sie interessiert in unserem Zusammenhang nicht, wohl aber deren Steigung, die durch Differentiation bestimmt werden kann:

$$\frac{dy}{dx} = y' = \frac{r'\,\tan\varphi + r}{r' - r\,\tan\varphi}. \tag{5.10}$$

Ebenso ergibt sich die Steigung der Polargleichung (5.9)

$$\frac{dr}{d\varphi} = r'(\varphi) = \frac{r_0}{2\pi}. \tag{5.11}$$

Wie aus Bild 5.16 unten anschaulich zu erkennen, wird die Steigung der Spirale im zweiten und im vierten Quadranten zu Null, womit sich die Punkte C_1 bzw. C_3 bestimmen lassen. Gl. (5.11) und (5.9) in (5.10) eingesetzt ergibt

$$y' = \frac{\dfrac{r_0}{2\pi}\,\tan\varphi + \dfrac{r_0}{2\pi}\,\varphi + r_a}{\dfrac{r_0}{2\pi} - \left(\dfrac{r_0}{2\pi}\,\varphi + r_a\right)\tan\varphi} = 0$$

$y' = 0$, wenn Zähler = Null und Nenner $\neq$ Null. (Erfüllt im zweiten und vierten Quadranten!). Bedingung für C_1 und C_3:

$$\frac{r_0}{2\pi}\,\tan\varphi + \frac{r_0}{2\pi}\,\varphi = -\,r_a$$

$$\tan\varphi + \varphi = -\frac{r_a}{r_0}\,2\pi$$

126

Diese Gleichung ist nur numerisch auswertbar. Daraus sind φ_1 und φ_3 berechenbar und weiter $r(\varphi_1)$ und $r(\varphi_3)$ bestimmbar.

Für den Keilwinkel α gilt bei der archimedischen Spirale unter Verwendung von Gl. (5.9):

$$\tan\alpha = \frac{\mathrm{d}r}{r\,\mathrm{d}\varphi} = \frac{1}{r}\,r'(\varphi)$$

$$\tan\alpha = \frac{1}{\dfrac{r_0}{2\pi}\varphi + r_\mathrm{a}}\frac{r_0}{2\pi} = \frac{1}{\varphi + \dfrac{r_\mathrm{a}}{r_0}2\pi}$$

$$\alpha = \arctan\frac{1}{\varphi + \dfrac{r_\mathrm{a}}{r_0}2\pi} \tag{5.12}$$

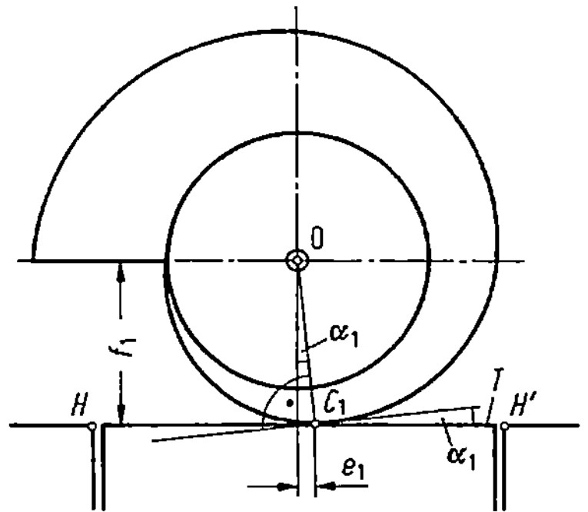
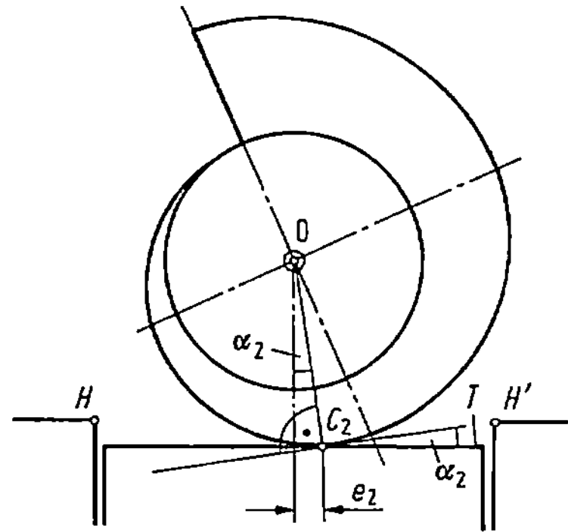

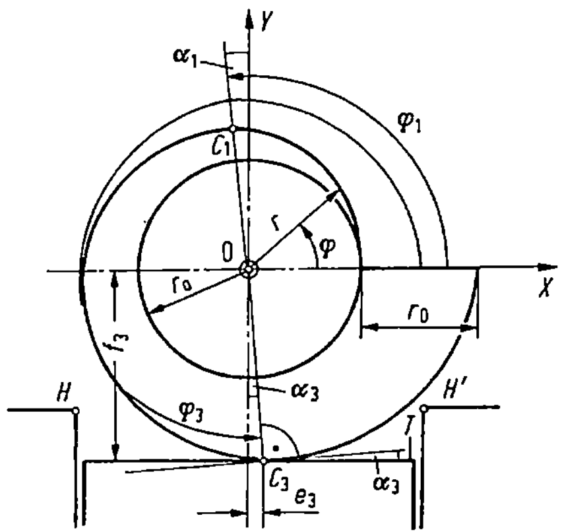

Bild 5.16. Spiralexzenter mit archimedischer Spirale in drei Schwenkphasen.

Damit wird nun auch $\alpha(\varphi_1)$, $\alpha(\varphi_3)$ bestimmbar.

Für e gilt: (Bild 5.16) $e = r \sin\alpha$.

Damit sind $e(\varphi_1)$ und $e(\varphi_3)$ bestimmbar.

Für f gilt (Bild 5.16): $f = r\cos\alpha$.

Damit sind auch $f(\varphi_1)$ und $f(\varphi_3)$ bestimmbar.

Durch Einsetzen von $r(\varphi)$ aus Gl. (5.9) und α aus Gl. (5.12) in Beziehungen für e und f lassen sich diese auch allgemein ausdrücken.

Tabelle 5.2 enthält Geometriedaten für einen Spiralexzenter in drei verschiedenen Größen.

Kraftwirkungen am Spiralexzenter

Analog wie beim Kreisexzenter läßt sich für den Spiralexzenter dieselbe Beziehung der Gl. (5.6) für die Spannkraft F_{Sp} herleiten:

$$F_{\mathrm{Sp}} = \frac{F_{\mathrm{H}}\, l_{\mathrm{Wirk}}}{e + \mu_1 f + \mu_2\, d/2}\,.$$

Mit den Größen e und f der archimedischen Spirale kann damit für verschiedene Werte von F_{H} und l_{Wirk} sowie für beliebige Werte von φ die Spannkraft F_{Sp} bestimmt werden. Tabelle 5.2 enthält ebenfalls Spannkräfte für die oben erwähnten Spiralexzenter. Die Bilder 5.17 bis 5.19 zeigen für die drei gewählten Exzentergrößen und unterschiedliche Handkräfte in graphischer Darstellung den Verlauf von Keilwinkel, Spannweg und Spannkraft beim Spiralexzenter in Abhängigkeit vom Schwenkwinkel.

5.2.3 Gegenüberstellung Kreisexzenter – Spiralexzenter

Vorteile	Kreisexzenter (Spannexzenter) einfache Herstellung, d.h. beliebige Abmessungen kostengünstig herstellbar.	Spiralexzenter (Spannspirale) nutzbarer Schwenkwinkel φ groß ($\sim 180°$), fast konstanter Keilwinkel α, d.h. $\sim$ konstante Spannkräfte.
Nachteile	nutzbarer Schwenkwinkel φ klein ($\sim 60°$), weil in den Grenzlagen kaum noch Spannwege erzielbar, Gefahr des Durchschlagens, ungleiche Spannkräfte, weil Keilwinkel α sehr schwankt.	sofern keine gezogenen Profile verfügbar, Herstellkosten hoch, d.h. beliebige Abmessungen nicht kostengünstig herstellbar.

Eine gute Verdeutlichung der Vor- und Nachteile hinsichtlich der Keilwinkel und des nutzbaren Schwenkwinkels zeigen die Bilder 5.13 und 5.17, in bezug auf die erzielbaren Spannwege die Bilder 5.14 und

Tabelle 5.2. SE 2 – Programm zur Berechnung von Spiralexzentern.

Spiralexzenter

Fall 1:
Grundkreisradius $r_a = 7{,}5$ mm
Handkraft $F_H = 50$ N

Steigung/Umdrehung $r_0 = 2$ mm
wirksame Hebellänge $l_{Wirk} = 100$ mm

Drehwinkel φ /DEG:	0	30	60	90	120	150	180
Keilwinkel α /DEG:	2,275	2,229	2,184	2,142	2,101	2,061	2,023
Spannweg s /mm :	0,000	0,167	0,333	0,500	0,666	0,833	0,999
Hebel f /mm :	8,006	8,173	8,339	8,506	8,673	8,839	9,006
Abstand e /mm :	0,318	0,318	0,318	0,318	0,318	0,318	0,318
Spannkraft F_{Sp}/N :	3653	3609	3566	3524	3483	3443	3404

Fall 2:
Grundkreisradius $r_a = 15$ mm
Handkraft $F_H = 100$ N

Steigung/Umdrehung $r_0 = 4$ mm
wirksame Hebellänge $l_{Wirk} = 150$ mm

Drehwinkel φ /DEG:	0	30	60	90	120	150	180
Keilwinkel α /DEG:	2,275	2,229	2,184	2,142	2,101	2,061	2,023
Spannweg s /mm :	0,000	0,333	0,666	0,999	1,332	1,665	1,999
Hebel f /mm :	16,013	16,346	16,679	17,012	17,345	17,678	18,011
Abstand e /mm :	0,636	0,636	0,636	0,636	0,636	0,636	0,636
Spannkraft F_{Sp}/N :	5480	5414	5349	5287	5225	5165	5107

Fall 3:
Grundkreisradius $r_a = 22{,}5$ mm
Handkraft $F_H = 150$ N

Steigung/Umdrehung $r_0 = 6$ mm
wirksame Hebellänge $l_{Wirk} = 200$ mm

Drehwinkel φ /DEG:	0	30	60	90	120	150	180
Keilwinkel α /DEG:	2,275	2,229	2,184	2,142	2,101	2,061	2,023
Spannweg s /mm :	0,000	0,500	0,999	1,499	1,999	2,498	2,998
Hebel f /mm :	24,019	24,519	25,018	25,518	26,018	26,517	27,017
Abstand e /mm :	0,954	0,954	0,954	0,954	0,954	0,954	0,954
Spannkraft F_{Sp}/N :	7306	7218	7133	7049	6967	6887	6809

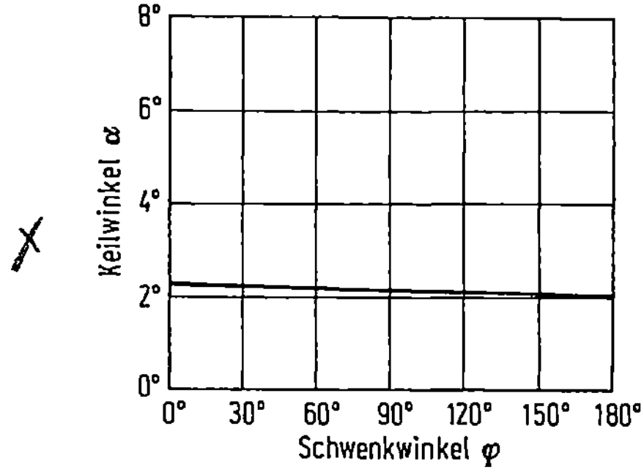
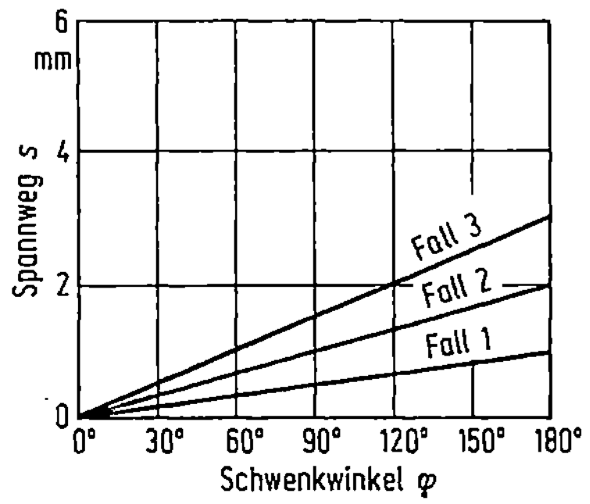

Bild 5.17. Verlauf des Keilwinkels am Spiralexzenter über dem Schwenkwinkel von 180° nach den Daten der Tab. 5.2, Fall 1.

Bild 5.18. Verlauf der Spannwege beim Spiralexzenter über dem Schwenkwinkel von 180° nach den Daten der Tab. 5.2.

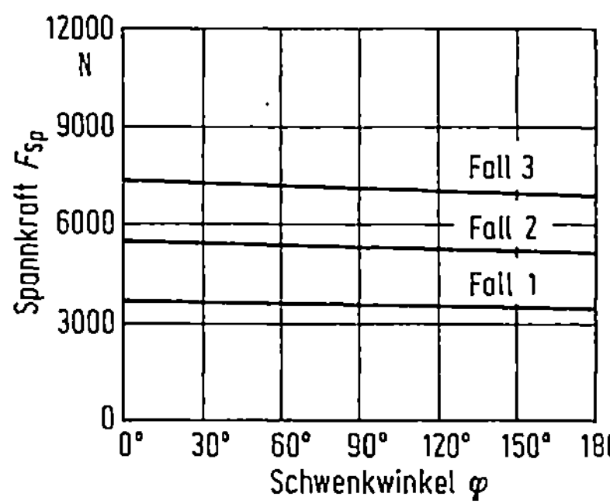

Bild 5.19. Verlauf der Spannkraft beim Spiralexzenter über dem Schwenkwinkel von 180° nach den Daten der Tab. 5.2.

5.18. Die Unterschiede hinsichtlich der erzeugten Spannkraft gehen eindeutig aus dem Vergleich der Bilder 5.15 und 5.19 hervor.

Fertigungshinweise

Die Spannkurven und die Exzenterzapfen sollten randschichtgehärtet werden. Spiralexzenter können als Profilmaterial bezogen werden.

130

Literaturverzeichnis

 1 Billen, M.: Spiralexzenter für Schnellspannvorrichtungen. Werkstatt-stechnik (Der Betrieb 38/25) 34, Nr. 7 (1944) 179
 2 Ferling, W.P.: Hydraulische Werkstückspanner. Werkstattbücher, Heft 122. Berlin, Göttingen, Heidelberg: Springer 1961.
 3 Fa. Forkardt, Düsseldorf: Forkardt-Spannzeuge (Firmenschrift).
 4 Heimberger, M.: Lagebestimmen und Spannen von Werkstücken. Werkst. u. Betr. 95 (1962) 488.
 5 Heimberger, M.: Konstruktive Einzelteile von Vorrichtungen. Werkstattstechnik 51 Nr. 1 (1961) 38.
 6 Mauri, H.: Vorrichtungen II. – Reine Spannvorrichtungen, Bohrspann-vorrichtungen, Arbeitsvorrichtungen, Prüfvorrichtungen, Fehler. Fertigung und Betrieb, Bd. 9. Berlin, Heidelberg, New York: Springer 1981.
 7 Mauri, H.: Vorrichtungsbau III: Wirtschaftliche Herstellung und Ausnutzung der Vorrichtungen. Werkstattbücher. Heft 42. 6. Aufl. Berlin, Heidelberg, New York: Springer 1971
 8 Mauri, H.: Vorrichtungsbau IV: Vollständige Bearbeitungsgänge mit Vorrichtungen und Sonderwerkzeugen in Beispielen. Werkstattbücher, Heft 108. Berlin, Heidelberg, New York: Springer 1972
 9 Bedienteile. DIN-Taschenbuch 127; Berlin: Beuth 1979.
10 Werkstückspanner und Vorrichtungen. DIN-Taschenbuch 151; Berlin: Beuth 1981.
11 Werkzeugspanner. DIN Taschenbuch 14; Berlin: Beuth 1983.
12 Fa. Peiseler Remscheid: Handelsübliche Vorrichtungen und Spannhy-draulik (Firmenschrift).
13 Rappels, M.: Druckluft und ihre Anwendung im Arbeitsmaschinen-, Werkzeugmaschinen- und Vorrichtungsbau. Werkstattstechnik und Maschinenbau 45 (1955) Nr. 4.
14 Fa. Ringspann Albrecht Maurer KG, Bad Homburg: Spanndorne, Spannfutter (Firmenschrift).
15 Fa. Römheld KG, Laubach: Spannen, Bewegen, Steuern (Firmen-schrift).
16 Schreyer, K.: Werkstückspanner (Vorrichtungen), 3. Aufl. Berlin, Heidelberg, New York: Springer 1969
17 Tingelhoff: Spanfreie Vorrichtungen. Werkstattstechnik und Maschinenbau 46 (1956) Nr. 11.
18 Wertanalyse aus der Praxis, VDI-Bericht 125, S. 55–82 und Fortdruck. VDI-Verlag: Düsseldorf 1968.
19 Baumann, G.: Ein Kosteninformationssystem für die Gestaltungsphase im Betriebsmittelbau, Diss. TU München 1982.
20 Pötschke, H.: Flexibel – Bestimmen – Spannen. Tech. Rundsch. Nr. 17 (1981) 27–30.

21 Dizioglu, B.: Getriebelehre. Braunschweig: Vieweg 1965.
22 Reinhard, D.: Röntgenteleskop. Zeiss Information 24, Nr. 89 (1979) 55–57.
23 Fa. Schrem, Giengen: Hydraulische Spannelemente (Firmenschrift).
24 Fa. DE-STA-CO, Frankfurt: F.B.S. Vorrichtungssystem (Firmenschrift).
25 Götz, E.: Flexible Spannvorrichtungen. Diss. Univ. Stuttgart 1980.
26 Kollektiv: Rationelle Vorrichtungskonstruktion, Methoden und Hilfsmittel. Düsseldorf: VDI-Verlag 1983.
27 Brüninghaus, G.: Rationalisierung der Vorrichtungskonstruktion. Düsseldorf: VDI-Verlag 1979.
28 Kollektiv: Vorrichtungen – Gestalten, Bemessen, Bewerten, 5. Aufl. Berlin: VEB-Verlag Technik 1979.
29 Lemke, E.: Vorrichtungsbau. Stuttgart: Teubner 1981.
30 Fa. Horst Witte, Bleckede: Firmenschrift.
31 Hain, K.: Getriebesystematik. VDI-Lehrgang BW 881/883.
32 Fa. Kostyrka Stuttgart: Klemmhülsen im Vorrichtungsbau (Firmenschrift).

Sachverzeichnis

134